Franz Steindachner

Beiträge zur Kenntniss der Flussfische Südamerika's. IV.

Franz Steindachner

Beiträge zur Kenntniss der Flussfische Südamerika's. IV.

ISBN/EAN: 9783337858155

Hergestellt in Europa, USA, Kanada, Australien, Japan

Cover: Foto ©berggeist007 / pixelio.de

Weitere Bücher finden Sie auf **www.hansebooks.com**

BEITRÄGE

ZUR

KENNTNISS DER FLUSSFISCHE SÜDAMERIKA'S. (IV.)

VON

DR. FRANZ STEINDACHNER,

WIRKLICHEM MITGLIEDE DER KAISERLICHEN AKADEMIE DER WISSENSCHAFTEN.

(Mit 7 Tafeln.)

———

VORGELEGT IN DER SITZUNG DER MATHEMATISCH-NATURWISSENSCHAFTLICHEN CLASSE AM 20. JULI 1882.

———

I.

Bericht über eine Sammlung von Fischen aus dem Huallaga in dem Besitze des k. zoologischen Museums in Dresden.

Die von Herrn Dr. Alphons Stübel dem königl. zoologischen Museum zu Dresden verehrte Sammlung von Fischen, über welche ich mir in nachfolgenden Zeilen einen Bericht zu erstatten erlaube, zeichnet sich vor anderen gleichartigen Sammlungen dadurch vortheilhaft aus, dass bei der Mehrzahl der Arten die volksthümlichen Benennungen der spanischen Peruaner, sowie in der Quichua-Sprache genau notirt wurden. Die Sammlung selbst hat leider zum Theile durch die weite Reise und die Verwendung zu schwachen Weingeistes stark gelitten, so das einige Arten nicht mehr mit voller Sicherheit bestimmt werden konnten, und die Bestimmung anderer nur durch Vergleich mit wohlerhaltenen, theilweise typischen Exemplaren der Wiener Sammlung ermöglicht wurde. Die bei den einzelnen Arten gebrauchten Zeichen Q. und S. bedeuten Quichua-Sprache und spanisch.

Herrn Hofrath Dr. A. B. Meyer danke ich schliesslich für die gütige Überlassung einiger Dubletten für die Sammlung des k. k. zoologischen Hofmuseums in Wien.

Die Sammlung des Herrn Dr. A. Stübel enthält im Ganzen 55 Arten in 121 Exemplaren.

———

SCIAENIDAE.

1. *Sciaena (Diplolepis) squamosissima* Heck.

Rumi-lumsa? (Q).

Zwei Exemplare (Nr. 346, 347), vortrefflich erhalten.

Die Kopflänge ist 3—3¹/₄ mal, die grösste Rumpfhöhe c. 3²/₃ — etwas mehr als 4 mal in der Körperlänge (d. i. Totallänge mit Ausschluss der Caudale), der Augendiameter 5³/₅—5³/₄ mal, die Stirnbreite etwas mehr als 5—4³/₄ mal, die Schnauzenlänge 4—3³/₄ mal in der Kopflänge enthalten.

Im Zwischenkiefer ist die äussere Zahnreihe von hackenförmigen Zähnen gebildet, die gegen die Mundwinkel allmälig an Grösse abnehmen; auf sie folgt eine Binde kleiner Spitzzähne. Am Unterkiefer liegt vor der Reihe grösserer Spitzzähne, die gleichfalls gegen die Mundwinkel an Höhe und Stärke abnehmen, nur eine Reihe kleiner Spitzzähne.

Der 2. Analstachel ist bei dem grösseren Exemplare stark, doch wie bei den 2., kleineren Exemplare von geringer Höhe und von seiner überhäuteten und überschuppten Basis an gemessen 1³/₄ mal in der Höhe des folgenden Gliederstrahles enthalten. Der freie Rand der Anale ist nicht geradlinig abgestutzt, wie Castelnau's Abbildung dieser Art auf Tafel IV zeigt, sondern elliptisch gerundet.

Ein intensiv schwarzer Fleck an der Hinterseite der Pectoralbasis und hinter dieser.

$$D.\ 10/1/31—32.\ \ A.\ 2/6.$$

Die 2. Dorsale, die Anale und Caudale sind vollständig beschuppt. Die Schuppen längs der Seitenlinie selbst sind gross, c. 50—51 bis zur Basis der Caudale.

CHROMIDES.

2. *Acara tetramerus* Heck.

Zwei Exemplare, 10¹/₂ und etwas mehr als 15 Ctm. lang.

Bei dem kleineren Exemplare liegen 3, bei dem grösseren 4 Schuppenreihen auf den Wangen, doch enthält die 4. Schuppenreihe nur 2 kleine Schuppen zunächst der Winkelgegend der Vorleiste des Präoperkels.

Stirne breit, c. 2¹/₅ mal, Augendiameter 3¹/₄ mal in der Kopflänge.

Rio Huallaga und Rio Amazonas, Iquitos.

3. *Acara (Heros) bimaculata* Lin.

Ein Exemplar, c. 10 Ctm. lang (Nr. 338).

4. *Acara (Heros) spuria* Heck.

Drei Exemplare (Nr. 309, 310 und 336), stark beschädigt.

Rio Huallaga.

5. *Acara (Heros) crassa* Steind.

Zwei Exemplare, c. 14 Ctm. lang, fast ganz entschuppt (Nr. 335, 364).

Fünf Schuppenreihen auf den Wangen D. ¹⁶/₁₁ ; A. ⁷/₁₀.

Rio Huallaga.

6. *Acara (Hygrogonus) ocellata* sp. Agass.

Ein Exemplar (Nr. 311) mit 3 grossen Augenflecken auf dem gliederstrahligen Theile und den letzten Stacheln der Dorsale.

Rio Huallaga.

7. *Geophagus (Satanoperca) jurupari* Heck.

Drei Exemplare (Nr. 337, 363, 379), schlecht erhalten.

Fünf bis sieben Schuppenreihen auf den Wangen. Kopflänge c. 2³/₅—fast 2³/₄ mal, Leibeshöhe 2²/₃—2¹/₂ mal in der Körperlänge, Schnauzenlänge fast 1³/₄—1¹/₂ mal, Augendiameter durchschnittlich 4 mal, Stirnbreite 4—3¹/₄ mal, Höhe des Präorbitale 2²/₅—2¹/₂ mal in der Kopflänge enthalten.

Der obere vordere Ast der Seitenlinie durchbohrt 19, der untere oder hintere Ast (bis zur Basis der Caud.) 11—12 Schuppen.

Rio Huallaga; Rio Amazonas, Iquitos.

8. Crenicichla Johanna Heck., Gthr..

Ein Exemplar, c. 25 Ctm. lang (Nr. 304), zur Variat. johanna Heck. (s. str.) gehörig.

Kopflänge unbedeutend mehr als 3mal, Rumpfhöhe c. 4¹/₂ mal in der Körperlänge, Schnauzenlänge (bis zur Kinnspitze gemessen) 3mal, Augendiameter 5³/₄ mal, Stirnbreite 3²/₃ mal in der Kopflänge enthalten. Der obere Ast der Seitenlinie durchbohrt 26, der untere hintere Ast 14 Schuppen am Rumpfe und 3 auf der Caudale.

Rio Huallaga.

9. Cichla ocellaris Bl., Schn.

Taf. I, Fig. 2, juv.

Ein Exemplar mit Ausschluss der (beschädigten) Caudale 22 Ctm. lang (Nr. 348). Vulgärname: Tucunari (Q.) — Rio Huallaga.

$$D. 14/\frac{1}{17}.\ A.\ 3/11.\ L.\ lat.\ 80\ (\text{in einer Längsreihe}).$$

Acht Schuppenreihen (bei anderen Exemplaren der Wiener Sammlung bis 12), auf den Wangen. Der obere Ast der Seitenlinie durchbohrt 45, der untere 36 Schuppen bis zur Caudale.

Leibeshöhe 3¹/₄ mal, Kopflänge c. 3mal in der Körperlänge, Augendiameter 6mal, Stirnbreite 4mal, Schnauzenlänge (bis zur Kinnspitze) 2⁴/₅ mal in der Kopflänge enthalten.

Bei jungen Individuen bis zu 10 oder 11 Ctm. Länge ist die Zahl der Schuppenreihen auf den Wangen bereits so beträchtlich wie bei alten, die Zeichnung des Kopfes und Rumpfes aber von letzteren sehr abweichend. Es ziehen nämlich 3 ziemlich schmale Querbinden an den Seiten des Rumpfes herab, ohne jedoch nach oben stets bis zur Basis der Dorsale zu reichen. Die vorderste Rumpfbinde endigt nach unten in geringer Entfernung hinter der Pectorale in der Höhe der Basis des untersten Pectoralstrahles; die 2. Rumpfbinde erstreckt sich nach unten fast so weit wie die 1., während die 3. Rumpfbinde minder hoch aber ein wenig breiter als die vorhergehende ist.

Eine Nackenbinde fehlt oder ist nur sehr schwach angedeutet.

Zuweilen liegen silberhelle runde Flecken zwischen und an den Rändern der 3 Rumpfbinden; nicht selten zieht vom unteren Ende der letzten Rumpfbinde eine schmale, gleichfalls dunkelbraune Längsbinde bis zum hinteren Rande der mittleren Caudalstrahlen. Ein runder dunkelbrauner Fleck, aber ohne helle Umsäumung an der Basis der mittleren Strahlen der Schwanzflosse fehlt nie, ebenso wenig eine kurze, verhältnissmässig breite Binde zwischen dem Auge und dem Seitenrande der Schnauze. Ein schmaler brauner Streif läuft längs und von dem oberen Rande des Oberkiefers schräge nach hinten und unten zum vorderen Theile des unteren Vordeckelrandes.

Alte Individuen zeigen bezüglich ihrer Zeichnung zahllose Varietäten, über welche ich im 2. Theile meiner Abhandlung über die Chromiden des Amazonenstromes ausführlich berichten will.

10. Cichla temensis Humb.

Taf. I, Fig. 3, juv.

Ein Exemplar, ohne Caudale 26 Ctm. lang (Nr. 383); Rio Amazonas, Iquitos.

Leibeshöhe nicht ganz 4mal, Kopflänge 3mal in der Körperlänge, Augendiameter c. 5¹/₄ mal, Schnauze bis zur Kinnspitze 2²/₃ mal in der Kopflänge enthalten. Zwölf Schuppenreihen auf den Wangen. Die Seitenlinie spaltet sich gabelförmig an der Basis der Caudale wie bei C. ocellaris.

$$D. 14/\frac{1}{16}.\ A.\ 3/10.\ L.\ lat.\ c.\ 95.\ L.\ tr.\ 13/1/23.$$

Bei jungen Individuen zieht eine braune Binde von dem Seitenrande der Schnauze oder vom hinteren Augenrande bis zum hinteren Rande der mittleren Caudalstrahlen; ein Caudalfleck fehlt. Spuren von Querbinden zeigen sich erst bei Exemplaren von c. 11 Ctm. Länge.

1 *

SILURIDAE.

11. *Sorubim lima* sp. Bloch, Schn.

Vier Exemplare (Nr. 380—384), 15²/₃, nahezu 17, 19 und 23 Ctm. lang. Rio Huallaga.
Vulgärname: Chullu-caella (Q.).

12. *Platystoma fasciatum* part. Lin.

Ein Exemplar, ohne Caudale 32 Ctm. lang (Nr. 375). Rio Amazonas, Iquitos.

D. 2/6. A. 20—23.

Die Maxillarbarteln erreichen mit ihrer Spitze nicht ganz die Insertionsstelle der Ventralen, ebenso die äusseren Mandibularbarteln.

Eilf bis zwölf schwarze Querstreifen am Rumpfe, und am vorderen Rande mit einem schmalen Silberstreif geziert. Eine Reihe schwarzer Flecken unterhalb der Seitenlinie zwischen den Endigungen der schwarzen Querstreifen.

13. *Pimelodus cristatus* M. Tr.

Zwei Exemplare, Nr. 284 und 292. — Rio Huallaga.

14. *Pseudopimelodus raninus* sp. C. V.

Ein Exemplar mit Einschluss der Caudale 10 Ctm. lang (Nr. 272).

Kopf stark deprimirt, 2 mal länger als hoch und unbedeutend breiter als lang. Kopflänge = ¹/₄ der Totallänge. Auge oval, der längere Durchmesser desselben c. 4¹/₂ mal in der Stirnbreite enthalten. Schnauze breit, am vorderen Rande sehr schwach gebogen.

Die Maxillarbarteln reichen fast bis zur Spitze der Pectoralen, die äusseren Unterkieferbarteln ein wenig über die Basis der Brustflossen zurück.

Pectoralstachel sehr kräftig, deprimirt, an beiden Rändern stark gezähnt.

Keine Querbinden am Rumpfe. Dorsale schwärzlichviolett mit einer gelben Längsbinde in geringer Entfernung über der Flossenbasis. Ventrale gleichfalls schwärzlichviolett und mit einer schmalen hellen Binde hinter der Flossenbasis. Anale von gleicher Grundfärbung, in der unteren Hälfte gelb gesprenkelt. Caudale in den beiden vorderen Längendritteln durchsichtig gelblichweiss, und zart schwärzlichviolett gesprenkelt, in dem Endtheile schwärzlichviolett.

A. 10.

Rio Huallaga.

15. *Pimelodus (Pseudariodes) clarias* Bloch.

Ein kleines Exemplar (Nr. 291) aus dem Rio Huallaga. Vomerzähne fehlen, Pterygoidzähne vorhanden.

16. *Hypophthalmus perporosus* Cope.

Zwei Exemplare, ohne C. 20¹/₂ und 27¹/₂ Ctm. lang (Nr. 290, 376). — Rio Huallaga und Rio Amazonas, Iquitos. — Vulgärname: Mapa-racui (Q.).

Kopflänge nahezu 4 mal in der Körperlänge, Rumpfhöhe mehr als 1¹/₂—1¹/₃ mal, Schnauzenlänge bis zur Unterkieferspitze genau oder mehr als 2 mal (bei dem kleineren Exemplare), Augendiameter 9—10 mal, Stirnbreite 3¹/₂ mal in der Kopflänge enthalten.

Die Maxillarbarteln reichen bei dem kleineren Exemplare bis zur Insertionsstelle der Ventralen, bei dem grösseren nicht so weit zurück. Die Dorsale liegt bei dem kleineren Exemplare gegenüber dem Beginne der Anale, bei dem grösseren über dem 7. oder 8. Analstrahle.

Die Rumpfporen sind bei dem grossen Exemplare äusserst zahlreich, regelmässig gereiht und deutlich sichtbar, wie bei dem von Dr. Cope beschriebenen typischen Exemplare, bei dem kleinen aber auffallend minder zahlreich und schwächer entwickelt. Anale dunkel gerandet.

17. Cetopsis candiru Agass.

Fünf Exemplare (Nr. 285—289), darunter drei Männchen mit fadenförmig verlängertem zweiten Strahle der Dorsale und dem ersten der Pectorale wie bei *Cetopsis coecutiens* Agass. Länge der Exemplare 19—28 Ctm.

A. 29—33. D. 7.

18. Doras armatulus C. V.

Ein kleines Exemplar mit Einschluss der Caudale 9 Ctm. lang (Nr. 278) aus dem Rio Huallaga.

D. 1/6. A. 10. L. lat. 30—31 (2+28—29).

Von den 30—31 Schildern der Seitenlinie liegen die beiden ersten mitten in dem von dem Humeralfortsatz und dem Nackenschilde begrenzten Raum und zeigen nur eine schwach entwickelte mittlere Längsleiste. Das 3., und 4., der Breite (Länge) nach am stärksten entwickelte Lateralschild reicht nach oben an den unteren Rand des Nackenschildes, nach unten an den Humeralfortsatz oder Humeralstachel und trägt bereits in der Mitte wie die folgenden Seitenschilder, von denen der erste (resp. 5. der ganzen Reihe) die grösste Höhe erreicht, einen hackenförmigen Stachel. Über und unter diesem grossen Stachel liegen auf der Aussenfläche der Seitenschilder der ganzen Länge nach festgewachsene, nur an der Spitze freie Stachelchen, wie sie schon Kner beschrieb. Die Schilder an der Ober- und Unterseite des Schwanzstieles gehen nach hinten allmälig in die kurzen Stützstrahlen der Caudale über.

Kopflänge, nur bis zum hinteren Rand des Kiemendeckels gemessen, ¼ der Totallänge gleich. Der linke etwas längere Pectoralstachel ist etwas mehr als 3mal, der Dorsalstachel c. 4mal in der Totallänge, der Augendiameter c. 4¼mal, die Schnauzenlänge etwas mehr als 3mal, die Stirnbreite etwas weniger als 3mal in der Kopflänge (bis zum Deckelrande) enthalten.

Die Oberkieferbarteln reichen mit ihrer Spitze bedeutend über die Einlenkungsstelle des langen, schwach säbelförmig gebogenen, deprimirten, an beiden Rändern mit starken Hackenzähnen bewaffneten Pectoralstachels hinaus. Der Humeralstachel ist wenig mehr als 3mal so lang wie (an der Basis) breit (oder hoch), schlank, nach hinten zugespitzt, an der Aussenfläche querüber concav und an dem oberen und unteren Rande derselben gezähnt.

Die weitaus grössere obere Hälfte der Dorsale mit Ausschluss der letzten Strahlen ist intensiv schwarzbraun; ein ähnlich gefärbter und im Verhältniss zur Grösse der Anale noch stärker entwickelter Fleck auf der Anale (mit Ausschluss der letzten Analstrahlen), und ein kleinerer, minder intensiv gefärbter Fleck in der hinteren Längenhälfte der Ventralen auf den 4—5 äusseren Strahlen.

Die gelbe Seitenbinde zieht sich nach hinten über die 4 mittleren Caudalstrahlen bis zum hinteren Flossenrande, und vereinigt sich auf der Stirn mit der der entgegengesetzten Seite.

Doras armatulus C. V. kommt nicht nur im Amazonenstromen selbst, sondern auch in dessen Nebenflüssen häufig vor, so z. B. im Xingu, ferner im Rio Puty, R. Preto; meines Erachtens ist aber diese Art nur die Jugendform von *D. costatus* Bl., von dem auch *D. grypus* Cope kaum specifisch verschieden sein dürfte.

19. Oxydoras Stübelii n. sp.

Taf. III, Fig. 1—1 b.

Drei Exemplare (Nr. 273, 274, 277) 8—12 Ctm. lang. — Rio Huallaga.

Vulgärname: Shitari (Q.).

Totalgestalt gestreckt; Kopf stark comprimirt; Schnauze konisch verlängert, am Vorderrande stark oval gerundet, vorspringend.

Kieferzähne fehlend. Kopflänge bis zur Kiemenspalte 3—3⅓mal, die grösste Rumpfhöhe unter der Dorsale mehr als 5⅓—5¾mal, der Abstand der Dorsale von der Schnauzenspitze weniger als 2½—2⅞mal in der Körperlänge, die Schnauzenlänge etwas weniger oder mehr als 2mal, der Augendiameter nahezu 5—4⅓mal, die Stirnbreite nahezu 5mal in der Kopflänge.

Oberkieferbarteln lang, seitlich mit ziemlich langen, zarten Nebenfäden besetzt, mit ihrer Spitze bis zur Basis des Pectoralstachels zurückreichend. Unterkieferbarteln an der Basis durch eine gemeinsame Haut verbunden, mit Papillen besetzt.

Kopf seitlich bis zum Deckel und an der Oberseite längs der Schnauze bis zu den hinteren Narinen nackt. Die Suborbitalknochen springen nach Art einer äusserst schmalen, stumpfen Leiste vor.

Die schmale tropfenförmige Stirnfontanelle ist beiderseits von einer zart vorspringenden Knochenleiste begrenzt, welche nach vorne in der Gegend der vorderen Narine sich verliert, hinter der Stirne mit der Leiste der entgegengesetzten Kopfseite convergirt und vom Hinterhaupte bis zum Ende des Nackenschildes oder Helmes vor der Dorsale mit letzterer parallel läuft, indem zugleich nur eine schmale Furche beide Leisten von einander trennt. Kiemendeckel mit zahlreichen zarten Querstreifen.

Mundspalte unterständig, klein.

Humeralfortsatz fast 2mal länger als an der Basis hoch, mit seiner scharfen Spitze ein wenig über die Längenmitte des Pectoralstachels hinausreichend. Absteigender Ast des Helmes kurz, schmal und nach unten vermittelst des hohen ersten, schienenförmigen Lateralschildes mit der hinteren Spitze des Humeralfortsatzes in Verbindung.

In dem vor diesen grossen ersten Schilde der Seitenlinie gelegenen, nach unten und oben von dem Helme und Humeralfortsatze begrenzten Raum liegen noch 2—3 längliche Knochenplättchen und sind mit einem zarten medianen Längskiele versehen. Sämmtliche schienenförmige Lateralschilder des Rumpfes sondern längs ihrer Höhenmitte eine kräftigen stachelartigen Dorn ab; nur bei dem ersten höchsten Lateralschilde liegt der Dorn in der Mitte der unteren Höhenhälfte.

Das 2. Lateralschild ist minder hoch als das zunächst folgende, aber wie dieses und alle folgenden im ganzen oberen und unteren Theile überhäutet und in der oberen Hälfte des hinteren Randes mit nicht sehr zahlreichen aber verhältnissmässig starken Zähnen besetzt, während die untere Hälfte desselben in stachelähnliche Fortsätze ausläuft (s. Taf. III, Fig, 1 b). Die Höhe der Lateralschilder nimmt von dem 3. oder 4. Schilde, das an Höhe eine Augenlänge ein wenig übertrifft, allmälig und fast gleichmässig bis zur Caudale ab.

Pectoralstachel stark deprimirt, überaus kräftig, schwach säbelförmig gebogen, an beiden Rändern mit Hackenzähnen besetzt, und bei dem grössten der 3 von mir untersuchten Exemplaren ein wenig länger, bei den übrigen aber etwas kürzer als der Kopf.

Auch die Höhe des Dorsalstachels nimmt mit dem Alter verhältnissmässig (zur Kopflänge) nicht unbedeutend zu und steht der Kopflänge um eine ganze oder nur halbe Augenlänge nach.

Der Vorderrand des Dorsalstachels ist mit stärkeren Hackenzähnen besetzt als der hintere Rand desselben, doch sind auch diese durchschnittlich fast nur halb so stark entwickelt als die Hackenzähne am Innenrande des Pectoralstachels.

Die Basis der Fettflosse ist c. $1\frac{1}{2}$mal länger als das Auge. An der Ober- und Unterseite des Schwanzstieles liegen keine Knochenschilder.

Kopf und Rumpf seitlich schmutzig dunkelbraun, ebenso der unterste Theil der Dorsale.

D. 1/6. A. 11 (an 12?). L. lat. (3+) 29—30.

20. *Callichthys littoralis* Hanc.

Ein Exemplar (Nr. 271), $10\frac{1}{2}$ Ctm. lang, aus dem Rio Huallaga.

Oben 25, unten 23 Seitenschilder am Rumpfe, 9 unpaarige Schildchen am Rücken zwischen der Dorsale und der Fettflosse. Die Unterkieferbarteln reichen fast bis zur Längenmitte der Ventralen.

21. *Plecostomus (Liposarcus) pardalis* Casteln.

Zwei Exemplare (Nr. 266, 267) 16 und 32 Ctm. lang, aus dem Rio Huallaga.

Vulgärname; Dajurqui. (Q.).

Bei beiden Exemplaren stark vorspringende Kiele auf den Rumpfschildern.

Die drei Schilder jederseits unterhalb der zwei medianen Nackenschilder zeigen zwei Kiele, das vorderste zuweilen drei.

Kopf querüber stark gewölbt.

D. 1/12. L. lat. 29.

22. *Chaetostomus cirrhosus* Val. sp.

Zwei Exemplare (Nr. 269, 270) aus dem Huallaga.

L. lat. 24. A. 1/4.

Bei einem Exemplare von fast 10 ^{1}/$_2$ Ctm. Länge mit Ausschluss der Caudale (Nr. 269, ♀) gleicht die Augenlänge genau ¹/₃ der Stirnbreite, der längste Interoperkularstachel ist nur unbedeutend länger als das Auge, die Kopflänge 2⁵/₆ mal in der Körperlänge, der Augendiameter mehr als 5¹/₃ mal, die Kopfbreite wenig mehr als 1 mal in der Kopflänge enthalten. Zahlreihe winzige helle Pünktchen an der Oberseite des Kopfes so wie an den Seiten des Rumpfes.

Erster Dorsalstrahl um einen Augendiameter länger als die Basis der Flosse.

Chaetostomus leucostictus Gthr.?

Ein Exemplar (Nr. 275) aus dem Huallaga, glaube ich (wenngleich nicht ohne einigen Zweifel) zu *Ch. leucostictus* Gthr. beziehen zu müssen, indem bei demselben die Augenlänge nur 2¹/₄ mal in der Stirnbreite enthalten ist, doch sind die längsten Interoperkelstacheln ein wenig länger als das Auge, dessen Durchmesser nicht ganz ¹/₅ der Kopflänge erreicht. Die Kopflänge selbst ist 2³/₅ mal in der Körperlänge enthalten. Zahlreiche himmelblaue Punkte am Kopf, minder zahlreiche am Rumpfe, wie bei den früher beschriebenen Exemplaren von *Chaetostomus cirrhosus* sp. Valenc.

A. 1/4.

24. *Hypoptopoma bilobatum* Cope.

Ein Exemplar (Nr. 276) aus dem Huallaga.

L. lat. 23.

25. *Rhinelepis Agassizi* Steind.

Zwei Exemplare (Nr. 265, 268) aus dem Huallaga, 13¹/₃ und 14 Ctm. lang (ohne Caudale).

L. lat. 24.

26. *Loricaria Stübelli* n. sp.

Taf. III, Fig. 2 b.

Drei Exemplare (Nr. 358, 359, 279), ohne Caudale 11—19 Ctm. lang, aus dem Huallaga. Vulgärname: Trompo-shitari (Q.).

In der Form des Kopfes die Mitte haltend zwischen *Loricaria maculata* Bloch und *L. nudirostris* Kner, oder fast wie bei *L. filamentosa* Steind., doch von letzterer Art durch die Breite der seitlichen Bauchschilder leicht zu unterscheiden und in dieser Beziehung mit den beiden erstgenannten Arten übereinstimmend.

Ausschnitt am hinteren Augenrande seicht und halboval wie bei *L. filamentosa* Steind., doch ist der Rumpf minder gestreckt als bei letzterer. Stirn-, Hinterhaupt- und Nackenschilder zart grubig, wie ciselirt, etwas gröber das grosse Schläfenschild.

Kopflänge bis zum hinteren Rande des Schläfenschildes bei den zwei kleineren Exemplaren etwas mehr als 4 mal, bei den grösseren dritten etwas weniger als 4 mal in der Körperlänge, grösste Kopfbreite 1²/₃—1¹/₂ mal, Augendiameter 5¹/₃—7³/₄ mal, Stirnbreite 4²/₃ bis fast 4³/₄ mal, Schnauzenlänge 2—2¹/₄ mal in der Kopflänge enthalten.

Zügelgegend eingedrückt, Stirne querüber schwach concav, obere Augendecke gegen den oberen Augenrand zu sich ein wenig erhebend. Schnauze vorne elliptisch gerundet. Unterlippe oder hinteres Mundsegel mässig stark entwickelt, jederseits im mittleren Theile schwach polsterförmig verdickt, am hinteren dünnhäutigen Rande in der Mitte seicht eingebuchtet und nicht gefranzt. Eckbarteln am äusseren Rande gefranzt und vom Mundwinkel ab gemessen fast oder genau 2 mal so lang wie das Auge.

Kieferzähne zart, klein und in geringer Zahl vorhanden, falls sie nicht etwa durch die schlechte Conservirung theilweise verloren gingen.

Ausserer Pectoralstrahl verlängert, nahezu so lang wie der Kopf zwischen dem vorderen Schnauzenende und dem hinteren Augenausschnitte.

Erster Dorsalstrahl unbedeutend länger als der äussere Pectoralstrahl. Längster 1. Anal- und Ventralstrahl um ein Geringes länger oder kürzer als der äussere Strahl der Brustflosse.

Caudale bei sämmtlichen mir zur Untersuchung vorliegenden Exemplaren beschädigt, am hinteren Rande der mittleren Strahlen concav; oberster Randstrahl bei dem grössten der 3 Exemplare stark verdickt, daher wahrscheinlich in einen langen Faden ausgezogen.

Die drei mittleren Längspaare der Nackenschilder mit einem sehr stumpfen, nur schwach entwickelten Kiele, die 2—4 ersten Schilder der zunächstliegenden seitlichen Reihe mit einer äusserst zarten medianen Leiste.

Die beiden, stark entwickelten Kiele an jeder Seite des Rumpfes vereinigen sich nahezu am 20. Schilde der Seitenlinie.

Bauchschilder wie bei *L. maculata.*

Zwischen der Anheftungsstelle des Flossen-Hautsaumes hinter dem letzten Pectoralstrahle und der Basis der Ventrale liegen 5 Bauchschilder am seitlichen Theile der Bauchfläche in einer Längsreihe beiderseits und zwischen den letzten Schildern dieser Seitenreihen 3 Reihen kleinerer Schilder, die sich weiter nach vorne in 4 oder 5 Reihen auflösen.

18—19 Schilder am Rücken hinter der Dorsale, 16 hinter der Anale.

Dunkle Flecken auf den Pectoralen grösser als auf der Dorsale, Ventrale und Caudale. Auf der Anale fehlen dunklere Flecken gänzlich oder sind nur sehr schwach angedeutet. Bei dem grössten Exemplare ist hie und da die Haut zwischen den die beiden Seitenleisten des Rumpfes bildenden Schildern dunkler braun als letztere.

D. 1/7/1. A. 1/4/1. V. 1/5. P. 1/6. L. lat. 30.

27. *Bunocephalus bicolor* n. sp.
Taf. II, Fig. 1—1 b.

Ein Exemplar (Nr. 345) mit Einschluss der Caudale 10 Ctm. lang, aus dem Huallaga.

Beginn der Dorsale fast 2 mal näher zum vorderen, nahezu quer abgestutzten vorderen Schnauzenrande als zum hinteren Ende der Caudale gelegen. Kopflänge bis zur Spitze des Occipitalfortsatzes etwas mehr als 3 mal, bis zur Kiemenspalte c. 7 1/2 mal, Kopfbreite zwischen den Pectoralstacheln etwas mehr als 4 mal, Länge der Caudale 5 3/5 mal in der Totallänge, Stirnbreite c. 5 1/3 mal, Schnauzenlänge nahezu 8 mal, Länge des Pectoralstachels etwas mehr als 1 3/5 mal in der Kopflänge (bis zur Spitze des Hinterhauptfortsatzes) enthalten.

Mundspalte mässig breit, nahezu endständig, flach halbbogenförmig gerundet.

Zähne in beiden Kiefern winzig klein, im Zwischenkiefer eine etwas breitere Binde bildend als im Unterkiefer und in beiden Kiefern in der Mitte unterbrochen.

Oberkieferbartel fadenförmig, mit seiner Spitze nur wenig oder bedeutend über die Basis des Pectoralstachels zurückreichend. Vorderes Bartenpaar an der unteren Fläche des Unterkiefers äusserst zart und kurz, daher leicht zu übersehen, das hintere Paar gleichfalls sehr zart, doch c. so lang wie die Schnauze.

Kopf stark deprimirt, von oben gesehen deltoidisch mit querer Abstutzung am vorderen stumpfen Winkel; Kopfleisten und stumpfe Erhöhungen in Zahl und Anordnung im Wesentlichen wie bei *Bunocephalus Gronorii* Blkr., nur auffallend schwächer entwickelt.

Der kräftige, schwach säbelförmig gebogene Pectoralstachel trägt an beiden, seitlichen Rändern starke Hackenzähne. Caudale lang, mit zarten Strahlen, ebenso die Anale. Die grösste Höhe der Dorsale am 1. Strahle erreicht e.²/₃ der Caudallänge.

Die Ventralen sind ein wenig hinter dem Beginne der Dorsale eingelenkt und bezüglich ihrer Länge e. 1²/₃ mal in der Caudale oder e. 2 mal in der Länge des Pectoralstachels enthalten. Der Beginn der Anale fällt nahezu um eine Kopflänge (bis zur Spitze des Occipitalfortsatzes gemessen) vor den der Caudale. Verglichen mit *Bunoc. Knerii* m. ist charakteristisch für diese Art die auffallende Länge des nach hinten gerichteten, stachelförmigen Fortsatzes jeder der beiden Claviculare an der Brust, dessen Länge e. 1²/₃ mal in der des Pectoralstachels enthalten ist. Der Abstand der Spitzen dieser parallel zu einander laufenden Claviculu-Fortsätze von einander gleicht genau der Länge des Fortsatzes selbst.

Der Humeralfortsatz ist dreieckig, nach hinten stark zugespitzt, nicht ganz 2 mal so lang als an der Basis hoch, ganz überhäutet und bildet nach aussen einen schneidigen Rand. Die Spitze dieses Fortsatzes fällt nahezu über die Längenmitte des Pectoralstachels. Porus pectoralis deutlich sichtbar.

Der ganze Körper ist ringsum mit kleinen Wärzchen besetzt, die an den Seiten des Rumpfes Längsreihen bilden, von denen die dem Verlaufe der Seitenlinie entsprechende am stärksten entwickelt ist.

Die Oberseite des Kopfes bis zur Dorsale ist grauviolett oder aber hellbraun (bei einem Exemplare aus dem mittleren Laufe des Amazonenstromes im Wiener Museum), die Seitentheile des Kopfes und der vordere Theil des Rumpfes sind intensiv schwärzlichviolett oder dunkelbraun; beide Arten der Körperfärbung grenzen sich scharf von einander ab. Die Unterseite des Kopfes und die Bauchfläche bis zu den Ventralen ist bei den einem Exemplare schwärzlich violett wie der Rumpf und unregelmässig mit kleinen weisslichen Flecken gesprenkelt, bei dem zweiten Exemplare aber schmutzig weisslich gelb mit einem Stiche ins Bräunliche und braun gesprenkelt.

Hinter der Dorsale wird die Färbung der Rumpfseiten allmälig heller und es zeigen sich hie und da dunklere Nebelflecken. Zu jeder Seite des Kopfes liegen eine, im mittleren vorderen Theile desselben zwei regelmässige Reihen punktförmiger Porenmündungen, deren erhöhte häutige Ränder tiefschwarz gefärbt sind. Sämmtliche Flossen zeigen eine dunkle, schwärzliche oder bräunliche Färbung und sind heller gesprenkelt oder gefleckt, und zwar am deutlichsten an den äusseren Strahlen.

D. 5. P. 1/5. A. 8. V. 6.

Nahe verwandt mit der so eben beschriebenen Art ist eine zweite, von welcher das Wiener-Museum Exemplare von Canelos (Ecuador) erhielt, nämlich:

Bunocephalus Knerii n. sp.

Ta.f II, Fig. 2—2 b.

Form und Depression des Kopfes im Wesentlichen wie bei *Bunocephalus bicolor*, nur ist die Schnauze am vorderen Rande nicht quer abgestutzt, sondern schwach gerundet, und die Seitenränder des Kopfes divergiren nach hinten gegen die Humeralanschwellung (über der Basis des Pectoralstachels) bedeutend stärker als bei letztgenannter Art. Die Kopfhaut an der Oberseite des Kopfes liegt nur lose den Kopfknochen auf, welche übrigens ähnliche leistenförmige Vorsprünge, doch keine (wenigstens nicht ausserlich sichtbare) tuberkelförmige Anschwellungen zeigen, wie bei B. bicolor.

Die Kopflänge bis zur Spitze des Hinterhauptsfortsatzes ist etwas mehr als 3¹/₂ mal in der Totallänge oder mehr als 2²/₃ mal in der Körperlänge, die Kopflänge bis zur unterständigen Kiemenspalte e. 8 mal in der Körperlänge oder nicht ganz 10 mal in der Totallänge, die grösste Kopfbreite mit Einschluss der Humeralanschwellung nicht ganz 3¹/₂ mal in der Körperlänge oder etwas mehr als 4 mal in der Totallänge oder nahezu 1¹/₅ mal in der Kopflänge (bis zur Spitze des Hinterhauptsfortsatzes) enthalten; die Stirnbreite gleich genau ¹/₄ die Schnauzenlänge ¹/₇ der Kopflänge, während die Länge des Pectoralstachels ⁵/₈ der Kopflänge erreicht.

Die Länge eines Auges beträgt e. ¹/₄ der Stirnbreite. Die vorderen Narinen liegen am vorderen, mässig gebogenen Schnauzenrande, die hinteren in geringer Entfernung vor den Augen. Stellung der Narinen wie bei *B. bicolor*. Kleine Porenmündungen an der Oberseite des Kopfes, aber ohne dunkle Umsäumung der sie umgebenden Röhrchen. Porus pectoralis deutlich sichtbar.

Der vordere Schnauzenrand überragt ein wenig die quergestellte, schwach gebogene Mundspalte, deren Breite zwischen den Mundwinkeln der der Stirne mit Einschluss der Augen gleicht oder c. $3^1/_3$ mal in der Kopflänge bis zur Spitze des Hinterhauptes enthalten ist. Kieferzähne spitz, sehr klein und dicht aneinander gedrängt, in jedem der beiden Kiefer eine schmale, in der Mitte unterbrochene Binde bildend.

Die Oberkieferbarteln reichen bei den zwei kleineren Exemplaren unserer Sammlung nur bis zur Basis des Pectoralstachels, bei dem dritten grösseren aber weiter zurück. Ebenso variabel ist je nach dem Alter die Länge der hinteren Unterkieferbarteln. Letztere reichen zurückgelegt bei dem grössten der drei Exemplare bis zur unterständigen Kiemenspalte zurück, nicht aber bei den zwei kleineren, und sind 2—4 mal länger als die zarten vorderen Barteln an der Unterseite des Unterkiefers, von denen zuweilen das eine oder andere nicht zur Entwicklung kommt (wie bei der früher beschriebenen Art). Ein wenig hinter der Mitte der Kopflänge theilt sich die stumpfe mediane Leiste der Hinterhauptgegend Vförmig in zwei Äste, die bis zum Auge nach vorne divergiren, von diesem aber convergiren, ohne sich am Schnauzenrande zu vereinigen. Eine zarte halbmondförmig gebogene kurze Leiste liegt an der Seite des Kopfes über der Deckelgegend. Das kleine Stützschild vor der Dorsale bildet nach hinten zwei Queräste und stösst nach vorne an die Spitze des Occipitalfortsatzes. Der stachelförmige Humeralfortsatz erreicht an Länge genau eine Stirnbreite und seine Spitze fällt vor die Längenmitte des Pectoralstachels. Der Clavicularfortsatz ist kurz, divergirt nach hinten mit dem der entgegengesetzten Brustseite, und seine Länge beträgt nur $^1/_3$ der Entfernung der Spitzen beider Clavicularfortsätze von einander oder einer Stirnbreite. Der Beginn der Dorsale liegt genau am Ende des ersten Drittels der Totallänge. Die Höhe des ersten Strahles der Dorsale übertrifft die Basislänge der Flosse und ist c. $2^1/_5$ mal in der Kopflänge (bis zur Spitze des Occipitalfortsatzes) enthalten.

Der kräftige deprimirte, schwach säbelförmig gebogene Pectoralstachel ist an beiden Rändern mit starken Hackenzähnen bewaffnet und an Länge c. $^2/_3$ des Kopfes gleich.

Die Insertionsstelle der Ventralen fällt in verticaler Richtung bald ein wenig vor, bald ein wenig hinter den Beginn der Dorsale. Die Länge der Ventralen gleicht der Höhe der Dorsale am ersten Strahle oder dem längsten dritten Analstrahle und die Basislänge der Anale der Höhe der Flosse.

Die Caudale breitet sich nach hinten fächerförmig aus und steht an Länge dem Pectoralstachel ein wenig nach. Unmittelbar vor der Basis der Caudale ist der Rumpf sehr stark comprimirt.

Fünf Würzchenreihen jederseits am Rumpfe. Die Würzchen an der Oberseite des Kopfes sind äusserst klein, dicht gedrängt; nur die auf der Schnauze und an der Seite des Kopfes gelegenen Würzchen sind ein wenig stärker entwickelt als die übrigen. Bei zwei der drei von uns untersuchten Exemplaren sind die Ober- und Unterseite des Körpers fast von gleicher Färbung, nämlich schmutzig grauviolett, indem nur an den Seiten des Körpers von der Basis der Pectorale bis zur Analgegend eine dunklere Binde hinzieht (zuweilen auch eine zweite längs der Basis der Dorsale). Bei dem dritten grössten Exemplare von 12 Ctm. ist die Oberseite des Kopfes bis zur Dorsale hell, grauviolett, die Seiten des Rumpfes aber sind ähnlich wie *Bunoc. bicolor* m. dunkelbraun, hie und da hell gesprenkelt und zugleich zart gefleckt; die Bauchseite ist sehr hell- und wässerig-grau und mit verschwommenen schmutzig weissen Fleckchen besetzt. Sämmtliche Flossen sind dunkelbraun und mit zahlreichen hellen Punkten oder Fleckchen in regelmässigen Längen- oder Querreihen geziert.

D. 1/4. A. 7. P. 1/4. C. 10. V. 1/5.

Prof. Cope hat schon vor längerer Zeit zwei *Bunocephalus*-Arten von Pebas und Nauta beschrieben, *B. aleuropsis* und *B. melas*, doch dürfte keine der hier von mir angeführten Arten mit denselben identisch sein, wenn sie denselben auch in vieler Beziehung sehr nahe stehen.

Bunocephalus aleuropsis Cope (Amer. Phil. Soc. 1870, p. 568) ist leider nur ganz oberflächlich beschrieben; da diese Art aber nach Cope dem *B. Gronovii* Blkr. sehr nahe steht, so dürfte dieselbe wohl an der Oberseite des Kopfes wie bei letztgenannter Art gewölbt und mit stark vortretenden Leisten und Höckern versehen sein, die Anale enthält ferner neun Strahlen, was weder bei *B. bicolor*, noch bei *B. Knerii* der Fall ist. Die Länge der Clavicularfortsätze ist bei *B. aleuropsis* Cope nicht angegeben.

Die Länge des Clavicularfortsatzes (postcoracoid process nach Cope) ist bei *Bunocephalus melas* Cope nahezu $^4/_3$ der Entfernung dieser beiden Fortsätze von einander gleich und die Anale enthält acht Strahlen; bei *B. bicolor* m. sind nur sieben Strahlen in der Anale vorhanden und der Abstand beider Fortsätze gleicht genau der ganzen Länge eines Clavicularfortsatzes, während bei *B. Knerii* letzterer sehr kurz ist und bezüglich seiner Länge nur $^1/_3$ der Entfernung der Spitzen der Clavicularfortsätze von einander gleicht. Jedenfalls ist *B. bicolor* m. näher verwandt mit *B. melas* Cope als mit *B. aleuropsis*, wenngleich bei *B. melas* Cope keine vorspringenden Leisten und Ränder am Kopfe vorkommen.

Cope beschrieb ferner in den Proc. of the Acad. of N. Sc. of Philadelphia, 1874, p. 133 eine mit *Bunocephalus* nahe verwandte Gattung *Dysichthys*, die sich von *Bunocephalus* nur durch den Mangel von Mandibular- und Kinnbarteln unterscheidet (nach Cope). Die zu dieser Gattung bezogene Art *Dysichthys coracoideus* Cope (l. c.) zeigt eine auffallend grosse Übereinstimmung mit *Bun. bicolor* m. (in der Zahl der Analstrahlen, Länge des Clavicularfortsatzes und des Pectoralstachels etc.), doch ist die Stärke und Anordnung der Kopfleisten wenigstens theilweise sehr abweichend, abgesehen von dem gänzlichen (?) Mangel von Unterkieferbarteln.

CHARACINIDAE.

28. *Macrodon trahira* Spix.

Ein Exemplar (Nr. 344) aus dem Huallaga.

29. *Erythrinus unitaeniatus* Spix.

(Nr. 377). Rio Amazonas, Iquitos.

30. *Curimatus rutiloides* Kner.

Fünf Exemplare (Nr. 325—329) aus dem Rio Huallaga. — Vulgärname: Huimba-shitari (Q.).

D. 11. A. 10. L. lat. 52. L. tr. 10—11/1/8—9.

Leibeshöhe $2^4/_3$—$2^4/_5$ mal, Kopflänge unbedeutend mehr als $3—3^1/_3$ mal in der Körperlänge enthalten. Schnauze durchschnittlich eben so lang wie das Auge, dessen Diameter (mit Einschluss des Fettlides) sich zur Kopflänge wie $1 : 3^3/_4$—$3^4/_5$ verhält. Die Spitze der Pectoralen fällt um 3 Schuppenlängen vor die Insertionsstelle der Ventralen.

Rumpfschuppen am freien Rande deutlich gezähnt.

31. *Curimatus Meyeri* n. sp.

Taf. I, Fig. 4.

Ein Exemplar (Nr. 331) aus dem Rio Huallaga.

D. 2/9. A. 2, 7. L. lat. 35—36. L. tr. 6/1/5.

Ein dunkler, halbmondförmig gebogener Fleck auf jeder Schuppe der oberen Rumpfhälfte (bis zur Seitenlinie herab). Caudale vollständig beschuppt. Narinen einander sehr genähert. Mundspalte endständig.

Kopflänge etwas mehr als $3^3/_5$ mal, Leibeshöhe $3^4/_5$ mal in der Körperlänge, Augendiameter $3^1/_2$ mal, Stirnbreite nicht ganz $2^1/_4$ mal, Schnauzenlänge etwas mehr als 3 mal in der Kopflänge enthalten. Die Suborbitalknochen decken die Wangengegend unter und hinter dem Auge vollständig. Oberseite des Kopfes querüber nur sehr schwach gebogen.

Pectorale kurz, zugespitzt, c. $3^1/_5$ mal in der Kopflänge enthalten. Der Abstand der Spitze der Pectoralen von der Insertionsstelle der Ventralen gleicht nahezu der halben Länge der Pectoralen. Die Ventralen sind fast genau in der Mitte der Körperlänge eingelenkt, der Basis des sechsten Dorsalstrahles gegenüber.

Die Dorsale ist nur wenig höher als lang und steht an Höhe der Länge den Ventralen merklich nach. Der längste Ventralstrahl ist unbedeutend länger als der Kopf mit Ausschluss der Schnauze.

Die Profillinie des Rückens ist vor der Dorsale etwas stärker als hinter derselben gebogen. Die obere Kopflänge fällt rascher nach vorne ab, als die Nackenlinie nach hinten zur Dorsale ansteigt und ist nur äusserst schwach concav in der Stirngegend.

Die Caudale ist bei dem mir zur Beschreibung vorliegenden Exemplare nur wenig mehr als zur Hälfte erhalten und in dieser dicht überschuppt.

Die Seitenlinie durchbohrt 35—36 Schuppen am Rumpfe und drei auf die Caudale.

Ein dem hinteren Schuppenrande parallel laufender dunkler, schwärzlich violetter Fleck liegt auf jeder Schuppe über der Seitenlinie, somit in der ganzen oberen Rumpfhälfte, und nimmt im vorderen Theile derselben, insbesondere am Nacken, bedeutend mehr als die Hälfte jeder Schuppe ein. Weiter zurück nimmt die Grösse der Flecken, welche bei vollständig erhaltenen, beschuppten Exemplaren wahrscheinlich nicht so auffallend hervortreten dürften, wie bei dem hier beschriebenen, grossentheils schuppenlosen Individuum, allmälig ab.

Rumpfschuppen am freien Rande gezähnt und mit zahlreichen Radien an der Aussenfläche geziert, die am stärksten auf den grossen Bauchschuppen in einiger Entfernung von den Ventralen bis zur Kehle entwickelt sind. Körperlänge bis zur Basis der Caudale c. 13 Ctm.

32. *Curimatus latior* C. V.

Ein Exemplar (Nr. 307) ohne Caudale 13½ Ctm. lang, aus dem Rio Huallaga. Vulgärname: Yulilla.

D. 11. A. 14.

Leibeshöhe dreimal, Kopflänge 3½mal in der Körperlänge, Stirnbreite 2³/₅mal, Augendiameter c. 4²/₅mal, Schnauzenlänge 3½mal in der Kopflänge enthalten.

33. *Prochilodus nigricans* Agass.

Ein Exemplar (Nr. 308) sehr stark beschädigt, aus dem Huallaga. Vulgärname: *Boca chica* (S.), wahrscheinlich ein allgemeiner Name für die Arten der Gattung *Prochilodus* (Steind.).

D. 11. A. 11. L. lat. 45 (+ 3 auf d. Caud.). L. tr. 9 an 10/1/8.

Kopflänge fast 3³/₄mal, Leibeshöhe 3mal in der Körperlänge, Augendiameter etwas mehr als 4mal, Schnauzenlänge 2½mal, Stirnbreite 1³/₄mal in der Körperlänge enthalten. Ventrale an Länge der Entfernung der hinteren Narine vom hinteren Deckelrande gleich, etwas länger als die Pectorale.

Der Beginn der Dorsale fällt nahezu um die Länge der Schnauze mit Einschluss des Auges, die Einlenkungsstelle der Ventralen aber nur um eine Augenlänge näher zum vorderen Kopfende als zur Basis der Caudale.

Dorsale und Anale auf goldgelbem Grunde mit zahlreichen, ziemlich kleinen, grauvioletten Flecken in regelmässigen Reihen besetzt. Ein dunkler Streif längs der Höhenmitte der einzelnen horizontalen Schuppenreihen des Rumpfes. Körperlänge des beschriebenen Exemplares mit Ausschluss der beschädigten Caudale c. 24½ Cmt.

34. *Anostomus fasciatus* sp. Spix, Agass.

Sechs Exemplare (Nr. 349—351, 354—356) aus dem Rio Huallaga. Totallänge: 12½—23 Ctm. Vulgärname: *Ihuito challua* (Q.).

Die Leibeshöhe ist nahezu oder genau 4—4³/₅mal, die Kopflänge etwas mehr als 4—4¹/₃mal in der Körperlänge, der Augendiameter c. 3²/₃mal, die Stirnbreite 2¹/₄—2mal in der Kopflänge enthalten.

Die Querbinden des Rumpfes variiren an Breite, bei einem Exemplare dehnt sich die zweite und dritte Querbinde über die Länge von vier Schuppenreihen aus.

D. 12. A. 11. L. lat. 40—42 (+4 auf d. Caud.) L. tr. 4½—5¹/₂/1/4—5.

35. *Anostomus taeniatus* Kner.

Drei Exemplare (Nr. 341—343) aus dem Rio Huallaga, ohne Caudale 11½—12 Ctm. lang. Vulgärname *Liza* (S.).

D. 12. A. 10. L. lat. 42—44 (mit Einschluss der Caudalschuppen).

Kopflänge etwas mehr als $4\frac{1}{4}$—$4\frac{3}{5}$mal, Leibeshöhe $4\frac{3}{4}$ — nahezu 5 mal in der Körperlänge euthalten.

36. *Leporinus trifasciatus* Steind. (Ichthyol. Beitr. V).

Zwei Exemplare (Nr. 352 und 353), jedes derselben ohne Caudale c. 13 Ctm. lang, aus dem Rio Huallaga.

D. 12. A. 10. L. lat. 38—40 (+4—5 auf d. Cand.). L. tr. $5\frac{1}{2}$/1/5—$5\frac{1}{2}$.

Kopflänge $3\frac{3}{4}$—$3\frac{2}{3}$mal, Leibeshöhe $3\frac{2}{5}$—$3\frac{1}{4}$mal in der Körperlänge, Augendiameter $4\frac{2}{5}$— $4\frac{1}{2}$mal, Stirnbreite $2\frac{1}{6}$—$2\frac{1}{5}$mal, Schnauzenlänge $2\frac{2}{3}$—$2\frac{3}{5}$mal in der Kopflänge enthalten.

Jederseits drei Zähne im Zwischen- und Unterkiefer; die beiden mittleren im Zwischenkiefer nicht länger als die seitlichen, am freien abgestutzten Rande in der Mitte seicht eingebuchtet, die übrigen gerundet. Die mittleren Unterkieferzähne schräge gestellt, zugespitzt, bedeutend länger als der nächstfolgende Zahn. Die breite Oberseite des Kopfes ist querüber bogenförmig gerundet. Die Augenmitte liegt ein wenig näher zum vorderen als zum hinteren seitlichen Kopfende. Der unter dem Auge gelegene Augenraudknochen unter der Augenmitte sehr schmal und weiter nach hinten allmälig ein wenig an Breite zunehmend. Hinterer oberer Augenraudknochen von halb ovaler Form nach hinten nicht ganz bis zum aufsteigenden Rande des Präoperkels reichend. Der Beginn der Dorsale liegt mindestens um eine Schnauzenlänge, die Insertionsstelle der Ventralen um $\frac{1}{2}$ oder einen ganzen Augendiameter näher zum vorderen Kopfende als zur Basis der Caudale. Die Pectorale steht an Länge dem Kopfe durchschnittlich um eine Schnauzenlänge (oder nur unbedeutend mehr) nach; die Ventrale ist ein wenig länger oder kürzer als die Pectorale; die Spitze der letzteren fällt circa um zwei Schuppenlängen vor die Insertionsstelle der ersteren. Der dritte oder vierte höchste Dorsalstrahl ist kaum um eine Schnauzenlänge kürzer als der Kopf und die Basislänge derselben Flosse gleicht beiläufig der Entfernung der Augenmitte vom hinteren seitlichen Kopfende.

Drei schräge gestellte, nach hinten und unten geneigte schwärzliche Querbinden von ungleicher Breite am Rumpfe und ein länglicher oder rundlicher Fleck am Schwanze vor und auf der Basis der Caudale. Die erste Rumpfbinde zieht vom Nacken bis zur Höhe der Pectorale herab; die zweite entspringt an der Basis der letzten Dorsalstrahlen und reicht etwas weiter hinab als die erste Binde; die dritte Rumpfbinde beginnt am Rücken in geringer Entfernung vor der Fettflosse. Unter der Seitenlinie treten diese Binden wegen der hell goldgelben Grundfarbe schärfer hervor und scheinen intensiver gefärbt zu sein, als oberhalb der Seitenlinie in der dunkler gefärbten Rückenhälfte des Rumpfes.

Die soeben beschriebenen halberwachsenen Exemplare aus dem Huallaga unterscheiden sich nur wenig von dem typischen grösseren Exemplare aus Teffé. *Leporinus trifasciatus* m. ist zunächst mit *Leporinus maculatus* (M. Tr.) C. V. verwandt.

37. *Tetragonopterus argenteus* C. V.

Zwei Exemplare (Nr. 368, 369) aus dem Rio Amazonas (Iquitos).

38. *Stethaprion erythrops* Cope.

Zwei Exemplare (Nr. 366, 367), beschädigt, von gleichem Fundorte wie die vorangehende Art.

39. *Brycon Stübelii* n. sp.

Taf. I, Fig. 1.

Ein Exemplar (Nr. 380) aus dem Rio Amazonas (Iquitos), ohne Caudale, 13 Ctm. lang (stark beschädigt).

Körper stark comprimirt, Bauchlinie vom Kopfende bis zum Ende der Anale bogenförmig gleichmässig gekrümmt. Grösste Rumpfhöhe über den Ventralen nahezu 3mal, Kopflänge fast 4mal in der Körperlänge, Schnauzenlänge c. $3\frac{1}{3}$mal, Augendiameter etwas mehr als 3mal, Stirnbreite c. $2\frac{1}{2}$mal, grösste Kopfhöhe unter der Spitze des Hinterhauptfortsatzes etwas mehr als 1 mal, Kopfbreite c. 2mal in der Kopflänge enthalten.

Das hintere Ende des stabförmigen, schräge gestellten Oberkiefers fällt unter die Augenmitte; der ganze untere Rand desselben ist fast gleichmässig gezähnt, indem die Zähne gegen das hintere Oberkieferende nur wenig an Höhe und Stärke abnehmen. Die Zähne in der äusseren Reihe des Zwischenkiefers bedeutend länger und stärker als die des Oberkiefers, jederseits 10. Die vordersten vier Zähne im Unterkiefer (jederseits) verhältnissmässig sehr gross und stark, mit mehreren Nebenzacken besetzt; hinter ihnen liegt zunächst der Symphyse des Unterkiefers jederseits ein konischer Zahn.

Der grosse zweite Augenrandknochen, welcher nach oben die ganze hintere Hälfte des unteren Augenrandes begrenzt, zeigt eine halb elliptische Form und deckt die Wangen bis auf einen schmalen Streifen unmittelbar über der Vorleiste des Präoperkels, welcher nach hinten nach Art eines spitzen Winkels vorgezogen ist. Der aufsteigende Rand des Vordeckels ist nur wenig nach hinten und unten geneigt, fast geradlinig. Der Kiemendeckel ist am hinteren oberen Rande schwach, verkehrt Sförmig gebogen, am hinteren unteren Rande sehr schwach convex und $2^3/_5$ mal höher als lang.

Die Dorsale beginnt genau in der Mitte der Körperlänge, c. um $1/_2$ Augenlänge hinter der Ventrale (in verticaler Richtung) und erreicht am zweiten oder dritten Strahle ihre grösste Höhe, welche der Länge des Kopfes circa um eine halbe Schnauzenlänge nachsteht. Der hintere obere Rand der Dorsale ist stark nach hinten und unten geneigt, schwach concav und nur über den letzten Strahlen ein wenig gerundet (convex). Nach oben endigt die Dorsale zugespitzt. Die Pectorale ist um etwas mehr als eine ganze Schnauzenlänge kürzer als der Kopf, nach hinten zugespitzt und reicht nicht bis zur Einlenkungsstelle der kürzeren Ventralen zurück.

Die Seitenlinie senkt sich unmittelbar hinter ihrem Beginn am Rumpfe auf den ersten 6—7 Rumpfschuppen sehr rasch, läuft dann bis gegen den Anfang der Analgegend parallel zur Bauchlinie, hebt sich hierauf minder rasch gegen den Schwanzstiel zu, als die Basis der Anale und zieht zuletzt, weit unterhalb der Höhenmitte des Schwanzstieles gelegen, zur Caudale hin. Untere Körperhälfte goldgelb, obere silbergrau. Auf den einzelnen, stahlblau schimmernden, horizontalen Schuppenreihen der oberen Rumpfhälfte bemerkt man einen medianen dunkelgrauen Längsstreif.

Caudale mit einer schmutzig violetten, halbmondförmigen Binde im vorderen grösseren Theile beider Lappen, nach hinten gegen die Lappenspitzen an Breite abnehmend. Eine schmale, gleichfalls violette Binde an dem überschuppten basalen Theile der Anale, jedoch nicht, wie bei *Brycon melanopterum* sp. Cope auch auf den angrenzenden Theil des Rumpfes sich ausdehnend.

D. 11. A. 26. V. 8. P. 14. L. lat. 57—58. L. tr. 13 (14?)/1/6 (7?).

Durch die Grösse des zweiten unteren Augenrandknochens und die halbmondförmige Form der dunkeln Caudalbinde lässt sich diese Art, von einigen anderen Abweichungen (z. B. in der Schuppen- und Flossenstrahlenformel) abgesehen, von dem nächstverwandten *Brycon melanopterum* sp. Cope leicht unterscheiden.

40. *Chalcinus angulatus* Spix, Agass.

Zwei Exemplare (Nr. 332, 333), etwas mehr als 13 Ctm. lang, aus dem Huallaga. Vulgärname: *Sapo mama* (S. und Q.) und *Anchoeta* (S.). Kopflänge mehr als $3^2/_3$—4 mal, Leibeshöhe in der Pectoralgegend genau oder etwas mehr als $3^1/_4$, in der Analgegend 4—$4^1/_5$ mal in der Körperlänge enthalten.

Der Beginn der Dorsale liegt $1^1/_2$ mal näher zur Caudale als zum vorderen Kopfende. Die Pectorale ist $1^3/_5$ — etwas mehr als $1^1/_4$ mal länger als der Kopf,

A. 29—30.

41. *Gasteropelecus stellatus* Knor.

Ein Exemplar Nr. 365) aus dem Rio Amazonas (Iquitos).

42. *Anacyrtus pauciradiatus* Gthr.

Ein Exemplar (Nr. 370) aus dem Rio Amazonas (Iquitos).

43. *Anacyrtus Myersii* Gill.

Zwei Exemplare (Nr. 324, 371) aus dem Rio Huallaga und R. Amazonas (Iquitos).

44. *Xiphorhamphus microlepis* Schomb., Müll. & Tr.

Zwei Exemplare (Nr. 305, 372) aus dem Rio Huallaga und Amazonas (Iquitos).

Körperhöhe $5^1/_4$—$5^1/_2$ mal, Kopflänge $3^2/_5$—$3^3{}_{,5}$ mal in der Körperlänge, Länge der Mundspalte bis zum hinteren Ende des Oberkiefers c. $1^1{}_{,2}$ mal, Schnauzenlänge $2^1{}_{,4}$ mal, Augendiameter $4^1/_3$—$4^1/_2$ mal, Stirnbreite $4^1/_4$—$4^1/_2$ mal in der Kopflänge bei Exemplaren von 11—12 Ctm. Länge (mit Einschluss der Caudale) enthalten. A. 30—33. Humeralfleck sehr klein.

Sehr gemein im Amazonenstrom. Wir untersuchten Exemplare von Santarem, Silva (Sec Saracá) und Teffé.

45. *Xiphorhamphus falcirostris* sp. Cuv., Müll. & Tr.

Ein Exemplar (Nr. 296) aus dem Rio Huallaga. Vulgärname: *Cancro* (S.).

46. *Xiphostoma maculatum* C. V.

Drei Exemplare (Nr. 293, 294, 360) aus dem Huallaga. Vulgärname: *Garzachallua* (Q. und S.), *Añaschallua* (Q.).

47. *Cynodon scomberoides* sp. Cuv., C. V.

Zwei Exemplare (381, 382), 23 und 26 Ctm. lang, aus dem Rio Amazonas (Iquitos).

D. 12. A. 37. P. 1, 16. V. 1/8. L. lat. c. 120.

Leibeshöhe c. $3^2/_3$—4 mal, Kopflänge genau oder etwas weniger als 4 mal in der Körperlänge, Augendiameter fast 4 mal, Schnauzenlänge ein wenig mehr als 4 mal, Ventrale $1^2/_3$—$1^3{}_{,4}$ mal in der Kopflänge enthalten. Die Pectorale ist ebenso lang oder noch ein wenig länger als der Kopf und überragt mit ihrer Spitze bedeutend die Insertionsstelle der im Verhältniss zu den übrigen *Cynodon*-Arten stark entwickelten Ventrale. Die hinteren Augenrandknochen decken die Wangen bis auf einen schmalen viereckigen Raum über dem vorderen Beginn des Präoperkels. Die Anfangsstelle der Dorsale ist ebenso weit vom hinteren Augenrande wie von der Basis der mittleren Caudalstrahlen entfernt.

48. *Cynodon vulpinus* Spix, Agass.

Drei Exemplare (Nr. 297—299), 31—39 Ctm. lang, aus den Rio Huallaga. Vulgärname: *Chambirachallua* (Q.).

Br. 5. D. 12. A. 44. P. 1/15. V. 8. L. lat. c. 125 (bis zur Basis d. Caud.).

Leibeshöhe 5—$5^1{}_{,4}$ mal, Kopflänge genau oder etwas mehr als 5 mal in der Körperlänge, Augendiameter $5^1/_2$—5 mal, Schnauzenlänge $3^3{}_{,5}$—etwas mehr als $3^1/_2$ mal in der Kopflänge enthalten. Pectorale etwas länger als der Kopf. Eine zusammenhängende, lange, aber nur mässig breite Binde zahlloser feiner Zähne am Gaumen. Fangzähne vorne im Unterkiefer fast noch ein wenig länger als das Auge. 20—21 polsterähnliche, gezähnte Lamellen am ersten und zweiten Kiemenbogen in der unteren, vorderen Hälfte desselben.

Die Dorsale beginnt ein wenig hinter dem Anfang der Anale, circa über dem achten Analstrahl, und der Abstand des hinteren Endes der Dorsale von der Basis der mittleren Caudalstrahlen ist nur wenig länger als der Kopf.

49. *Cynodon gibbus* Spix, Agass.

Drei Exemplare (Nr. 300—302) aus dem Rio Huallaga. Vulgärname: *Denton* (S.).

Bei einem Exemplare von 16 Ctm. Länge (ohne Caud.) ist die Kopflänge nahezu 5 mal, die Leibeshöhe in der Pectoralgegend $3^1/_2$ mal in der Körperlänge, der Augendiameter mehr als $3^1/_2$ mal in der Kopflänge enthalten. Die Schnauze ist fast nur halb so lang, wie das Auge. Der unterste der hinteren Augenrandknochen endigt nach hinten querabgestutzt und reicht nicht so weit zurück, wie es das von Spix und Agassiz abgebildete Exemplare zeigt.

Die Bauchlinie fällt von der Kehle bis zur Pectoralgegend steil ab und ist unterhalb der Pectorale stark gerundet. Die Zahl der Schuppen längs der Seitenlinie beträgt bei einem sehr kleinen Exemplare nur 90, bei einem grösseren c. 100.

D. 12. A. c. 76. P. 1/15. V. 9.

50. *Serrasalmo maculatus* Kner.

Vier Exemplare (Nr. 312, 315, 316, 362) aus dem Huallaga.

51. *Serrasalmo humeralis* C. V.

Drei Exemplare (Nr. 313, 314, 361). Vulgärname: *Paña* (S.). — Rio Huallaga.

Bei einem dieser Exemplare (Nr. 314) liegt eine schwärzliche Querbinde an der Basis der Caudale, bei einem zweiten (Nr. 313) ist sie nur schwach angedeutet und kleiner.

A. 3/30. L. lat. 71. L. tr. 30/1/?.

52. *Serrasalmo elongatus* Kner.

Ein Exemplar (Nr. 306), ohne Caudale 14 Ctm. lang, aus dem Huallaga.

D. 15. V. 7. P. 14. A. 32. L. lat. 88—89 (davon die 11—12 letzten auf der Caud.).

Kopflänge etwas mehr als 3mal, Leibeshöhe c. $2^2{}_3$mal in der Körperlänge, Augendiameter mehr als $4^1{}_3$mal, Stirne c. 3mal, Schnauze, bis zur Unterkieferspitze gemessen, c. $3^2{}_3$mal in der Kopflänge enthalten. Nur fünf Zähne jederseits am Gaumen.

Verschwommene, graue rundliche Flecken in der grösseren oberen Rumpfhälfte. Schulterfleck undeutlich.

53. *Myletes duriventris* Cuv.

Vier Exemplare (Nr. 317—320) aus dem Rio Huallaga. Vulgärname: *Palometa* (S.).

54. *Myletes hypsauchen* M. Tr.

Ein Exemplar (Nr. 321); Rio Huallaga.

OSTEOGLOSSIDAE.

55. *Osteoglossum bicirrhosum* Vand.

Ein Exemplar (Nr. 303), 24 Ctm. lang, aus dem Huallaga.

D. 42. A. 53. L. lat. 35 (34+1 auf d. Caud.).

Körperhöhe $5^1{}_2$mal, Kopflänge $3^2{}_5$mal in der Körperlänge, Länge der Mundspalte $1^1{}_2$mal, Schnauzenlänge $2^1{}_2$mal, Auge fast $4^2{}_3$mal in der Kopflänge. Ein Humeralfleck und ein grosser Fleck im vorderen Theile der mittleren Caudalstrahlen von dunkler Färbung.

II.

Bericht über eine Sammlung von Süsswasserfischen aus dem Rio de Huambo, in dem zoologischen Museum zu Warschau.

Die in den nachfolgenden Zeilen angeführten Arten wurden von Herrn Stolzmann im Rio de Huambo gesammelt, der in seinem oberen Laufe in einer Entfernung von 6 Kilometer verschiedene Namen trägt, wie Rio de Curiyacu, Rio de Pinducncha, Rio de Tortora (Tolora?), Rio de Corral, Rio de Millpac und erst nach seiner Vereinigung mit den Flüssen Ornua und Jevil Huambo genannt wird.

Nach dem mir von meinem hochverehrten Freunde Herrn Custos L. Taczanowski zur Ansicht und Bestimmung gütigst überlassenen Materiale zu schliessen, ist der Huambo überaus reich an Individuen von *Trichomycterus*- und *Arges*-Arten, die daselbst eine auffallende Grösse erreichen. Zur genauen Bestimmung der *Arges*-Arten erbat ich mir von Prof. Vaillant die Zusendung des typischen Exemplares von *Arges sabalo* und *Brontes prenadilla* C.V. aus dem Pariser Museum, und ich glaube mit Bestimmtheit, das typische Exemplar letztgenannter Art nur für die Jugendform irgend einer *Arges*-Art erklären zu müssen.

1. *Arges sabalo* C. V.

Taf. IV, Fig. 2—2 b.

Das typische Exemplar des Pariser Museums ist bis zur Caudale 17, bis zur Spitze des oberen schwach fadenförmig verlängerten oberen Randstrahles der Caudale nahezu 21 Ctm. lang; die Kopflänge misst etwas weniger als 5 Ctm., ist somit c. $3^1/_2$ mal in der Körperlänge oder c. $4^1/_4$ mal in der Totallänge, die grösste Kopfbreite etwas mehr als $1^1/_5$ mal, die Schnauzenlänge $1^3/_4$ mal, die Stirnbreite mehr als $4^2/_3$ mal, die grösste Kopfhöhe mindestens $2^3/_5$ mal in der Kopflänge enthalten.

Die grösste Rumpfhöhe lässt sich nicht ganz genau ermitteln, da bei dem typischen Exemplare die Eingeweide herausgenommen und an dem ganzen langen Zickzackschnitte von der Anale bis zum linken Mundwinkel die Hautränder übereinander gelegt, schlecht vernäht wurden; daher erscheint der ganze Rumpf bis zur Anale minder hoch als unmittelbar vor dem Beginne der Anale, wie auch aus der ziemlich genauen Abbildung in der Histoire natur. des Poissons, Pl. 444—445 ersichtlich ist. Die Oberkieferbarteln überragen zurückgelegt den hinteren Rand der Unterlippe höchstens um die halbe Breite der Stirne, dürften aber vielleicht durch Zerrung und Einfluss zu schwachen Alcohols etwas länger erscheinen als sie im Leben gewesen sind. Im Zwischenkiefer fünf, im Unterkiefer zwei Zahnreihen; sämmtliche Zähne gegen die Spitze zu in zwei Äste gespalten; nur die Zähne in der Aussenreihe des Zwischenkiefer sind am freien Ende oval gerundet, schwach nach Innen umgebogen und löffelförmig.

Caudale am hinteren Rande mässig concav, der oberste und unterste Randstrahl ein wenig fadenförmig verlängert. Der erste Pectoralstrahl erreicht an Länge c. $^6/_7$ des Kopfes, der zweite ist c. $1^3/_5$ mal in der Kopflänge enthalten.

Körperseiten mit dunkleren Flecken und Marmorirungen.

Die von Herrn Stolzmann gesammelten Exemplare sind 11—32 Ctm. lang (mit Einschluss der Caudale). Die Kopflänge ist unbedeutend mehr als 3 — etwas weniger als $3^1/_2$ mal, die Rumpfhöhe über der Ventrale $5^1/_2$ — nahezu 5 mal in der Körperlänge, die grösste Kopfbreite unbedeutend mehr als 1 mal ($1^1/_9$—$1^1/_{14}$ mal), die Kopfhöhe nahezu oder ein wenig mehr als 2 mal, die Schnauzenlänge $1^3/_4$ mal, 2 mal, $1^4/_5$ mal, die Stirnbreite 4—$4^1/_4$ mal in der Kopflänge enthalten.

Der Abstand der hinteren Narinen vom Auge übertrifft die Stirnbreite nur unbedeutend (höchstens um die Höhe beider Augen).

Die obere Kopflinie erhebt sich unter bald stärkerer, bald schwächerer Bogenkrümmung ziemlich bedeutend oder nur mässig zum Hinterhaupte und ist auch querüber gleichfalls mehr oder minder stark gekrümmt. Vor der Augengegend nimmt der Kopf bei dem grössten Exemplare aus Stolzmann's Sammlung auffallend schwächer an Breite ab, als bei den zwei kleineren Exemplaren; der vordere Schnauzenrand ist daher bei ersterem viel breiter und schwächer (bogenförmig) gekrümmt als bei letzteren.

Die Breite der unterständigen Mundspalte zwischen den Mundwinkeln ist $2^1/_2$—$2^1/_4$ mal in der Kopflänge enthalten.

Kieferzähne wie bei dem typischen Exemplare.

Die Länge der lappenförmig überhängenden, an der Aussenfläche dicht mit Papillen besetzten Unterlippe ist 3—$2^3/_4$ mal in der Kopflänge enthalten. Der hintere, bogenförmig gerundete Rand ist in seiner Mitte zuweilen ein wenig eingebuchtet.

Die Oberkieferbarteln sind an der Basis ziemlich fleischig und an Länge etwas mehr oder weniger als 4 mal in der Kopflänge begriffen. Zurückgelegt fällt die Spitze dieser Barteln selbst bei dem typischen Exemplare weit vor das untere Ende der Kiemenspalte.

Die hintere Narine liegt bei jüngeren Exemplaren genau in der Mitte der Schnauzenlänge, bei sehr alten dagegen näher zum vordersten Schnauzenende als zum Auge.

Eine Hautfalte, welche nach oben lappenförmig vorspringt, trennt beide Narinen einer Kopfseite von einander und setzt sich nach hinten und innen laufend am inneren und hinteren Rande der hintern Narine fort.

Die Kiemenspalte greift auf die Unterseite des Kopfes nicht weit über. An den hinteren Rand des Kiemendeckels und Unterdeckels setzt sich eine Hautfalte an, welche die Kiemenspalte seitlich schliesst, die trichterförmige Einbuchtung am oberen Rande des Operkels, die in die Kiemenhöhle führt, ist gleichfalls durch eine Hautfalte verschliessbar.

Der Beginn der Dorsale fällt c. um $^1/_3$—$^5/_{12}$ der Kopflänge näher zum vorderen Augenrande als zur Basis der Caudale. Der erste Dorsalstrahl überragt mit seiner fadenförmig verlängerten Spitze nur wenig das obere Ende des folgenden Strahles und seine Höhe übertrifft unbedeutend die Schnauzenlänge; der letzte Dorsalstrahl ist circa halb so hoch wie der erste.

Der erste Pectoralstrahl überragt mit seiner Spitze mehr oder minder bedeutend den freien Rand der übrigen Flossenstrahlen, ist unbedeutend mehr als 1 mal bei 11—18 Ctm. langen Exemplaren, fast $1^1/_2$ mal bei einem Exemplar von 30 Ctm. Länge in der Kopflänge enthalten und reicht stets über die Einlenkungsstelle der Ventralen zurück, bei einem Exemplare von 18 Ctm. Länge sogar noch über die Längenmitte der Ventralen hinaus. Der hintere Rand der Pectorale mit Ausschluss des obersten Strahles ist stark gerundet.

Die Zahl der Pectoralstrahlen ist variabel und beträgt bei Exemplaren von 11—30 Ctm. Länge $^1/_{11}$ oder $^1/_{12}$; bei jüngeren Individuen dürfte sie bedeutend geringer sein.

Die Insertionsstelle der Ventralen liegt in verticaler Richtung genau unter oder ein wenig hinter dem Beginne der Dorsale (in verticaler Richtung).

Der erste Ventralstrahl ist sehr stark deprimirt, breiter als der erste Pectoralstachel, dick überhäutet und mit zahllosen kleinen Zähnchen in regelmässigen Längsreihen besetzt; er überragt gleich dem ersten Dorsalstrahl mit seiner Spitze den folgenden Strahl nur mässig, und gleicht an Länge der Schnauze mit Einschluss des Auges oder übertrifft sie unbedeutend.

Bei jüngeren Individuen von 11—18 Ctm. Länge erreicht oder übertragt die Spitze des ersten Ventralstrahles die Analmündung, fällt aber bedeutend vor letztere bei einem Exemplare von 30 Ctm. Länge.

Der erste Strahl der Anale ist wie der der Dorsale nur mässig verdickt, biegsam, wie letzterer am vorderen Rande mit Hakenzähnchen besetzt und c. $2^2/_5$ — nahezu $2^1/_3$ mal in der Kopflänge enthalten.

Die Caudale ist bei Exemplaren von 11—18 Ctm. Länge am hinteren Rande mässig, halbmondförmig eingebuchtet, bei dem 30 Ctm. langen Exemplare bei völlig ausgebreiteten Strahlen schwach convex. Der obere und untere Randstrahl der Caudale überragt stets mit seiner fadenförmigen Verlängerung den hinteren Flossenrand nicht bedeutend und ist am oberen, resp. unteren Rande fein gezählnt.

Eine mehr oder minder wulstige, ziemlich hohe Hautfalte beginnt am Rücken hinter der Dorsale in einer Entfernung, welche beiläufig der ganzen oder etwas mehr als halben Länge der Basis dieser Flosse gleichkommt und vereinigt sich nach hinten mit dem oberen Randstrahl der Caudale, deren kurze obere Stützstrahlen sie vollständig umhüllt. Eine wulstförmige Haut umschliesst übrigens auch die unteren Stützstrahlen der Schwanzflosse.

Zu *Arges subalo* glaube ich noch ein nur 7 Ctm. langes Exemplar (ein Männchen mit langem Penis) beziehen zu müssen, dessen Kopf fast wie bei den typischen Exemplaren des Pariser Museums sehr stark deprimirt ist und dessen Oberkieferbarteln abweichend von jenen der Stolzmann'schen Sammlung aus dem Huambo den hinteren Rand der Unterlippe bedeutend überragen. Die Hautfalte in der hinteren Längenhälfte des Rückens ist sehr niedrig, doch deutlich unterscheidbar; die Kopflänge ist 4 mal in der Körper- oder 5 mal in der Totallänge, die Kopfhöhe 2 mal, die Kopfbreite unbedeutend mehr als 1 mal, die Schnauzenlänge etwas mehr als $1^1/_3$ mal, die Breite der querüber völlig flachen Stirne $4^1/_2$ mal in der Kopflänge enthalten. Der Verlauf der Röhrchen der Seitenlinie ist ganz deutlich bemerkbar. Pectorale und Ventrale sind von gleicher Länge und c. um eine Deckellänge kürzer als der Kopf. Die Einlenkungsstelle der Ventralen fällt vertical unter den Beginn der Dorsale. Der Rumpf ist sehr gestreckt, von der Analgegend an bis zur Caudale sehr stark comprimirt und seine grösste Höhe unter der Dorsale erreicht nicht ganz $^1/_7$ der Körperlänge. Die Pectorale enthält nur 10 ($^1/_9$) Strahlen.

Oberseite des Kopfes grau oder bräunlich violett, Seiten des Rumpfes hell oder dunkel graubraun mit dunkel schmutzigvioletten Marmorirungen und Flecken bei Exemplaren von 11—30 Ctm. Länge. Bei zwei

Exemplaren von 11 und 18 Ctm. Länge liegen überdies drei mehr oder minder breite Querbinden am Rumpfe; die vorderste derselben zieht von der Basis der Dorsale herab, die letzte liegt unmittelbar vor der Caudale und die mittlere genau zwischen beiden oder aber näher zur Schwanzbinde als zur Dorsalflossenbinde; Flossen mehr oder minder intensiv röthlichgelb oder braungelb und mit schmutzig grauvioletten runden Flecken besetzt.

Fundort: Huambo. Vulgärname: *Guanani.*

D. 1/6. A. 1/6. P. 1/9—12.

2. *Arges longifilis* n. sp

Taf. V, Fig. 3—3 *b*.

Von den soeben beschriebenen Exemplaren des *Arges sabalo* glaube ich vorläufig vier Exemplare von 9½ bis 18 Ctm. Totallänge specifisch trennen zu müssen, die durch die auffallende Länge des ersten Pectoralstrahles, des oberen und unteren Randstrahles der Caudale, durch die geringere Breite der Mundspalte und die etwas bedeutendere Länge der Oberkieferbarteln von ersteren sich leicht unterscheiden, im allgemeinen Habitus aber mit *Arges sabalo* übereinstimmen. Die auffallende Verlängerung der genannten Strahlen kann nicht etwa als ein äusserer Geschlechtsunterschied aufgefasst werden, da ich *Arges sabalo* in beiden Geschlechtern untersuchen konnte, die in dieser Beziehung gar keine Verschiedenheit zeigten.

Bei den vier erwähnten Exemplaren von *Arges longifilis* ist die Kopflänge 3½ — etwas mehr als 4 mal, die Rumpfhöhe über den Ventralen 5½ — 6 mal in der Körperlänge, die Schwanzenlänge 1¾ — etwas mehr als 1⅔ mal (bei dem grössten Exemplare), die Kopfbreite unbedeutend mehr als 1 mal, die grösste Kopfhöhe genau oder unbedeutend mehr als 3 mal, die Breite der Mundspalte zwischen den Mundwinkeln 3 mal (bei *Arges sabalo* 2½ — 2¼ mal), die Stirnbreite 3½ — 4 mal, die Länge der Oberkieferbarteln 3½ — fast nur 2 mal in der Kopflänge (mit Einschluss des häutigen Saumes am Deckel und Unterdeckel) enthalten. Die Mundspalte ist auffallend schmäler als bei *Arges sabalo*, in der Form der Kieferzähne und bezüglich der Grösse, sowie der Form der Unterlippe zeigen sich keine bemerkenswerthen Unterschiede zwischen beiden Arten, dagegen sind die Eckbarteln bei *Arges longifilis* bedeutend länger und reichen mit ihrer Spitze nahezu oder ganz genau bis zum unteren Ende der Kiemenspalte, die wie bei *Arges sabalo* auch auf die Unterseite des Kopfes sich ausdehnt.

Der Kopf verschmälert sich zuweilen vor den Augen nicht unbedeutend und die Schnauze zeigt dann von oben gesehen eine halbelliptische Form, oder nimmt nur wenig und allmälig an Breite ab, in welchem Falle der Vorderrand der Schnauze schwach bogenförmig gerundet erscheint. Die hintere Narine liegt fast ganz genau in der Mitte der Schnauzenlänge.

Der Beginn der Dorsale liegt in verticaler Richtung über oder ein wenig vor der Insertionsstelle der Ventralen. Der erste Dorsalstrahl ist unbedeutend kürzer oder aber nicht unbeträchtlich länger als der Kopf.

Der erste, biegsame Pectoralstrahl zeichnet sich durch besondere Länge aus, welche ziemlich genau bei jedem der von mir untersuchten vier Exemplare ⅗ der Körperlänge beträgt; die Spitze des Strahles erreicht mindestens die des ersten Ventralstrahles.

Der zweite Pectoralstrahl gleicht an Länge dem Abstande der Narine vomässe rsten hinteren Ende des des Kopfes in der Deckelgegend. Der hintere Rand der Pectorale ist mit Anschluss der Verlängerung des ersten Strahles schwach verkehrt Sförmig gebogen.

Der erste längste Ventralstrahl ist wie bei *Arges sabalo* platt gedrückt, stark verdickt, wie schwammig und dicht mit Zähnchen besetzt, welche regelmässige Längsreihen bilden. Die Länge dieses Strahles ist constant ein wenig geringer als die des Kopfes.

Die Anale enthält im Ganzen sieben Strahlen, wie bei *Arges sabalo*; der höchste erste biegsame Strahl gleicht in der Regel an Länge der Entfernung der hinteren Narinenöffnung vom seitlichen hinteren Kopfende oder ist nur wenig kürzer als dieser Abstand und wie der erste Dorsalstrahl an der Vorderseite mit bürstenförmigen Zähnchen besetzt.

Der hintere Rand der Caudale ist bei sämmtlichen vier Exemplaren halbmondförmig eingebuchtet und wird sehr beträchtlich von dem (im Verhältniss zu *Arges sabalo*) stark verlängerten oberen und unteren Randstrahl überragt. Die Länge dieser ist $2^1{}_2$—$2^1{}_6$ mal (bei *Arges sabalo* bei gleich grossen Exemplaren $3^1{}_6$ mal, bei grösseren $3^2{}_3$—$4^1{}_2$ mal) in der Körperlänge enthalten.

Die Hautfalte am Rücken ist bald mehr bald minder fleischig, und von gleicher Höhe und Längenausdehnung wie bei *Arges sabalo*.

Grundfarbe des Körpers hellgrau oder dunkel goldbraun, mehr oder minder dicht dunkelviolett marmorirt oder unregelmässig gefleckt. Bei sämmtlichen Exemplaren liegt ein intensiv orangegelber Fleck am Kiemendeckel und ein ebenso gefärbter (unpaariger) länglicher, quergestellter Fleck am Nacken vor dem Beginn der Rückenflosse. Bei zwei Exemplaren kommt ferner noch ein rothgelber Fleck am Rücken hinter der strahligen Dosale hinzu und bei drei Exemplaren bemerkt man auf und zunächst der Basis der Aussenseite der Pectoralstrahlen einen breit grauviolett umsäumten, gleichfalls rothgelben Fleck, der sich zuweilen in zwei Flecke mehr oder minder vollständig theilt. Bei dem kleinsten, sehr lebhaft gefärbten und gefleckten Exemplare ist endlich auch ein schräge gestellter orangegelber Fleck an den Seiten des Rumpfes vorhanden, welcher zunächst der Einlenkungsstelle der Ventralen nach vorn und oben zieht. Ein schmutzig violetter Fleck oder eine Gruppe von Flecken liegt am Endstücke des Schwanzstieles seiner ganzen Höhe nach und zugleich auf der Basis der Caudalstrahlen.

Sämmtliche Flossen sind hellgelb oder schmutzig graugelb, von diesen zeigt im Gegensatze zu *Arges sabalo* nur die Caudale Spuren verschwommener dunkler Flecken in Querreihen. Die Bauchseite des Körpers ist wässerig gelb, mit einem schwachen Stiche ins bräunliche.

$$D. \ 1/6. \quad A. \ 1/6. \quad P. \ 1/11{-}12. \quad V. \ 1/4. \quad C. \ 13.$$

Fundort: Rio Huambo und Rio de Totora (bei Chirimoto).

Zu dieser Art glaube ich, nach der Zeichnung des Rumpfes und der Länge der Oberkieferbarteln zu schliessen, einige ganz kleine Exemplare von $4^1{}_2$ und $5^1{}_2$ Ctm. beziehen zu dürfen, bei welchem die grösste Rumpfhöhe $5^2{}_3$ — nahezu 6 mal in der Körperlänge, die grösste Kopfhöhe mehr als $1^2{}_3$ — $1^3{}_4$ mal in der Kopflänge enthalten und die Pectorale nur 10 ($^1{}_9$) Strahlen besitzt, von denen übrigens der erste schon ziemlich bedeutend den hinteren Rand der folgenden Strahlen überragt. Die Hautfalte am Rücken ist schon ganz deutlich ihrer ganzen Länge nach sichtbar, sehr dünn.

Der Kopf ist bei diesen zwei Exemplaren querüber bedeutend gewölbter, im Umrisse etwas stärker, eiförmig gebogen und der Rumpf minder schlank als bei dem am Schlusse der Beschreibung von *Arges sabalo* erwähnten Exemplaren von 7 Ctm. Länge.

Die Pectorale enthält im Ganzen nur 10 ($^1{}_9$) Strahlen und es scheint somit regelmässig die Zahl der letzteren durch Theilung mit dem Alter zuzunehmen.

Arges prenadilla sp. Val.

Taf. V, Fig. 5—5 a.

Syn. *Brontes prenadilla* Val., C. V. Histoire naturelle des Poissons, Vol. XV, p. 343, pl. 445 (mangelhaft).
Arges brachycephalus Gthr.

Prof. Vaillant hatte die Güte, mir eines der beiden typischen Exemplare von *Brontes prenadilla* Val. zur Ansicht einzusenden, welche von dem berühmten Chemiker Boussingault dem Pariser Museum übergeben wurden und aus den Bächen stammen, die in einer Höhe von 5000 Meter über dem Meere von dem Cotopaxi herabfliessen. Das meiner Untersuchung anvertraute Exemplar ist ein Weibchen und wahrscheinlich wurde nach diesem die in der Histoire naturelle des Poissons gegebene Abbildung entworfen, da das zweite Exemplar nach Valenciennes' Beschreibung ein Männchen, eine ziemlich lange, penisartige Papilla urogenitalis zeigt (wie alle *Arges*-Männchen von selbst sehr geringer Totallänge), die in der citirten Abbildung nicht angedeutet ist, und wohl kaum von dem Zeichner unbeachtet geblieben wäre.

Valenciennes' Angabe, dass eine Fettwulst (Fettflosse) vor der Caudale fehle, ist irrig, und die in der Histoire naturelle auf Tafel 444 befindliche Abbildung gehört zu den zahlreichen misslungenen dieses Werkes; so ist z. B. auf derselben die Caudale stark ovalgerundet dargestellt, während sie doch am hinteren Rande concav ist, auch vermisst man jede Andeutung der fadenförmigen Verlängerung des ersten Pectoralstrahles.

Das von Prof. Vaillant mir eingesendete Exemplar zeigt eine Totallänge (mit Einschluss der Caudale) von $7\frac{1}{2}$ Ctm.; der Kopf bis zur Kiemenspalte gemessen ist nahezu 16 Mm. lang, erreicht daher genau $\frac{1}{4}$ der Körperlänge (von 63 Ctm.), die Kopfbreite zwischen den Deckeln steht der Kopflänge nur um c. 1 Mm. nach. Die Kopfhöhe ist nahezu 2mal in der Kopflänge enthalten. Die Schnauzenlänge, von der hinteren Narine an gemessen, gleicht dem Abstande der letzteren von den winzigen Augen sowie der Stirnbreite, oder $\frac{1}{5}$ der Kopflänge. Die Augen liegen 8 Mm. vom vordersten Schnauzenende entfernt, der vordere Augenrand fällt daher in die Mitte der Kopflänge. Kieferzähne in Gestalt mit jenen von *Arges sabalo* übereinstimmend. Breite der Mundspalte c. $2\frac{2}{3}$mal in der Kopflänge. Unterlippenfalte stark entwickelt, papillös, am hinteren Rande in der Mitte eingebuchtet, seitlich von dieser Einbuchtung stärker gerundet, als es l. c. auf Taf. 444 angedeutet ist. Die Oberkieferbarteln sind c. halb so lang wie der Kopf und reichen nicht ganz bis zur Kiemenspalte zurück, welche auf die Unterseite des Kopfes übergreift. Eine trichterförmige Einbuchtung am Oberrande des Kiemendeckels.

Der Beginn der Dorsale fällt etwas mehr als 2mal näher zur Spitze des oberen Randstrahles der Caudale als zum vorderen Schnauzenende und in verticaler Richtung in wenig vor die Insertionsstelle der Ventralen. Die Höhe des ersten Dorsalstrahles übertrifft ganz unbedeutend oder gleicht genau $\frac{3}{4}$ der Kopflänge; die Vorderseite dieses Strahles ist zart gezähnt.

Die Basislänge der Dorsale erreicht nahezu die Hälfte einer Kopflänge.

Die Pectorale enthält nicht $7(\frac{1}{6})$ Strahlen, wie Valenciennes angibt, sondern $10(\frac{1}{9})$. Der erste Strahl dieser Flosse ist säbelförmig gebogen, am Aussenrande, wie der erste etwas schwächere Dorsalstrahl mit Zähnchen besetzt, die unter der Loupe betrachtet als Hakenzähnchen erscheinen, da deren Spitze nach hinten umgebogen ist; er überragt mit seiner Spitze nicht unbedeutend den hinteren Rand der Flosse, erreicht nahezu die Insertionsstelle der Ventralen und gleicht an Länge $\frac{6}{7}$ des Kopfes.

Die Einlenkungsstelle der Ventralen fällt um unbedeutend mehr als eine halbe Kopflänge näher zum vorderen Kopfende als zur Basis der Caudale; der erste Strahl ist deprimirt, bedeutend breiter als die entsprechenden Strahlen der Dorsale und Pectorale und ebenso lang wie der Kopf. Die Spitze des ersten Ventralstrahles überragt fast noch ein wenig die Genitalmündung, deren angeschwollene Ränder darauf hindeuten, dass das untersuchte Exemplar, ein Weibchen, zur Laichzeit gefangen wurde, worauf auch die starke Schleimabsonderung der drüsenreichen Haut hindeutet. Bei dem hier beschriebenen Exemplare ist der erste Analstrahl abgebrochen, nach der Stärke des noch erhaltenen Stückes zu schliessen, dürfte er mit seiner Spitze das Ende des folgenden Strahles merklich überragt haben.

Die Caudale ist am hinteren Rande halbmondförmig eingebuchtet und der obere Randstrahl nahezu so lang wie der Kopf, oder c. 5mal in der Totallänge enthalten. Eine niedrige, doch deutlich bemerkbare, saumartige Hautfalte beginnt am Rücken ein wenig vor der Anale (in verticaler Richtung) und setzt sich bis zur Caudale fort, sich mit dem obersten Randstrahl der letzteren verbindend.

Körper und Rumpfhaut reich an drüsigen Wärzchen. Körperfärbung schmutzig kupferfarben, am Bauche heller.

Meines Erachtens ist die von Dr. Günther als *Arges brachycephalus* beschriebene Art identisch mit *Arges prenadilla* Valenc.; Günther's Angabe, dass bei erstgenannter Art die Narinen weit näher zur Schnauzenspitze als zum Auge liegen, bezieht sich wohl nur auf den Abstand des Vorderrandes der vorderen Narine von der Schnauze, während der hintere Rand der hinteren Narine wohl genau in der Mitte zwischen dem Auge und dem Schnauzenrande liegen dürfte.

Das Wiener Museum besitzt drei Exemplare (φ und $\circlearrowleft$) derselben Art, wie ich glaube, von $4\frac{1}{2}$, 5 und 9 Ctm. Länge aus Peru, welche von mir schon vor Jahren von Herrn Salmin angekauft wurden. Das grösste dieser drei Exemplare unterscheidet sich von dem hier beschriebenen typischen Exemplare (♀) des Pariser Museums nur wenig und zwar hauptsächlich durch die stärkere Entwicklung der dicken Fetthautfalte am Rücken, die etwas stärkere Verlängerung des ersten Pectoralstrahles, dessen Spitze über den Beginn der Ventrale hinausreicht, durch die Insertion der letzteren vertical über dem Anfang der Dorsale (wie bei *Arg. brachycephalus* nach Gthr.) und durch eine etwas beträchtlichere Länge des Kopfes, welche etwas weniger als $3^3/_4$ mal in der Körper- oder nahezu 5 mal in der Totallänge enthalten ist, indem die Caudale bis zur Spitze der Randstrahlen gemessen, den Kopf ein wenig an Länge übertrifft. Die beiden kleineren Exemplare sind insofern besonders bemerkenswerth, als sich bei denselben wirklich nicht die geringste Spur einer Fetthautfalte entdecken lässt, bezüglich der Depression und Form des Kopfes stimmen sie übrigens fast ganz genau mit dem früher erwähnten 7 Ctm. langen Exemplare von *Arges sabalo* überein.

Trichomycterus Taczanowskii n. sp.

Taf. IV, Fig. 1—1 b.

Kopflänge bei Exemplaren von 11—13 Ctm. Länge $5^1/_2$ — 5 mal, bei einem Exemplare von 39 Ctm. Länge $4^2/_3$ mal in der Körperlänge, oder bei ersteren nicht ganz 6—$6^1/_3$ mal, bei letzteren $5^2/_3$ mal in der Totallänge, Kopfbreite ein wenig mehr als 1 — nahezu $1^1/_3$ mal, Schnauzenlänge unabhängig von der Totallänge 2— $2^1/_3$ mal, Stirnbreite 3—$3^1/_3$ mal, Länge der Narsalbarteln 1—$1^1/_4$ mal bei den kleineren Exemplaren und $1^2/_3$ mal bei den grossen, Länge der Oberkieferbarteln $1^1/_4$—$1/_2$ mal, Länge der Barteln an den Mundwinkeln etwas weniger als 2—$1^2/_3$ mal, Breite der Mundspalte durchschnittlich 2 mal in der Kopflänge enthalten. Die grösste Kopfhöhe am Hinterhaupte gleicht fast stets der Schnauzenlänge oder circa der Hälfte der Kopflänge.

Die kleinen Augen sind von ovaler Form und liegen mit ihren vorderen Rande bei kleineren Individuen ein wenig vor, bei alten aber genau in der Mitte der Kopflänge.

Zahlreiche bürstenförmige Zähnchen bilden in beiden Kiefern ein nur in der Symphysengegend durch einen schmalen Zwischenraum getrennte Binde, die gegen die Mitte an Breite (Länge) zunimmt. Die Zähnchen am Deckel und Zwischendeckel bilden mehrere Reihen, liegen fast ganz in der dicken Kopfhaut verborgen und nehmen gegen den Aussenrand dieser Knochen ziemlich rasch an Länge zu. Die hinteren Narinen sind ringsum, mit Ausnahme des kurzen hinteren Randes, von einer ziemlich hohen Hautfalte umgeben und liegen je nach dem Alter mehr oder minder näher zum Auge (bei kleineren Individuen bis zu c. 20 Ctm. Länge) als zum vorderen Schnauzenende oder genau in der Schnauzenmitte.

Kopf und Rumpf sowie der grösste Theil der Flossen sind von einer dicken Haut umhüllt, so dass die Flossenstrahlen erst gegen das von dünnerer Haut umgebene Flossenende deutlich von einander ohne Zerrung unterscheidbar sind. Hinter der Anale ist der Rumpf stark comprimirt und eine wulstige Falte, die mit dem Alter an Höhe zunimmt, zieht vom oberen und dickeren Randstrahl der Caudale, die zahlreichen Stützstrahlen dieser Flosse ganz umhüllend, bis in die Nähe der Dorsale und Anale am Rücken- und Bauchrande des Schwanzstieles hin. Letzterer ist daher zunächst der Caudale höher als der übrige grösste Theil des Rumpfes vor der Dorsale.

Die Lage der Dorsale ist variabel und rückt in der Regel mit dem Alter auffallend nach hinten. Bei einem Exemplare von 11 Ctm. Länge ist der Beginn der Rückenflosse bedeutend näher zum hinteren Rande des Kiemendeckels als zur Basis der mittleren Caudalstrahlen, bei Exemplaren von $13^1/_2$—$14^1/_2$ Ctm. Länge nur wenig näher zum hinteren seitlichen Kopfende als zur Caudale, bei einem Exemplare von fast 21 Ctm. Länge dagegen viel näher zum Kopfende als zur Schwanzflosse, bei einem Exemplare von mehr als 39 Ctm. Länge endlich $1^2/_3$ mal näher zur Basis der mittleren Caudalstrahlen als zur Deckelspitze gelegen. Kaum weniger veränderlich zeigt sich die Lage der Einlenkungsstelle der Ventralen; sie fällt bei Exemplaren bis zu 21 Ctm. Länge fast genau unter den Beginn der Dorsale, rückt jedoch bei einem Exemplar von 39 Ctm. Länge fast um eine halbe Kopflänge weiter nach vorne. Bei eben diesem Exemplare liegt das hintere Ende der Rückenflosse über dem Beginn der Anale, bei allen übrigen aber ein wenig vor letzterem. Der höchste dritte oder vierte Dorsalstrahl ist bei dem kleinsten der von uns untersuchten Exemplare $1^1/_3$ mal, bei dem grössten $1^2/_3$ mal in der Kopflänge oder 7 — nahezu $8^1/_3$ mal in der Körperlänge enthalten und stets länger als die Flossenbasis.

Der erste Pectoralstrahl ist in eine fadenförmige Spitze ausgezogen, welche den hinteren gerundeten Rand der übrigen folgenden Strahlen mehr oder minder bedeutend überragt; seine Länge schwankt zwischen ³/₆ — einer ganzen Kopflänge. Die Länge der Ventralen gleicht durchschnittlich nur der der Schnauze.

Die Anale ist 1¹₂—1²/₃ mal höher als lang, der höchste dritte oder vierte Analstrahl erreicht c. ²/₃ einer Kopflänge. Der hintere Rand der Caudale ist bei ausgebreiteten Flossenstrahlen äusserst schwach convex, ein wenig schräge gestellt (nämlich bei den vier kleineren der von uns untersuchten Exemplaren nach unten und vorne, bei dem grössten Exemplare aber äusserst schwach nach oben und vorne geneigt), und an den unteren Strahlen wie bei allen übrigen Exemplaren stärker gerundet als an den oberen. Die Länge der Caudale 1¹/₆ — mehr als 1¹/₃ mal in der Kopflänge enthalten.

Kopf an der Oberseite und Rumpfseite bleifarben, röthlichbraun, schmutzig grauviolett; Bauchseite hellgelb mit einem Stiche ins Bräunliche oder auch gelblich grau; Pectorale, Ventrale und Anale schmutzig hellgelb, Pectoralen zuweilen an der Oberseite gegen die Basis zu grau oder grauviolett gleich den Rumpfseiten. Caudale stets von der Färbung des Rumpfes.

D. 9—10. A. 7. V. 1/4. P. 1/8.

Fundort: Huambo und Rio de Tortora bei Chirimoto. Als Vulgärname ist „Kutschin" angegeben.

Chaetostomus microps Gthr.

Das mir zur Untersuchung vorliegende Exemplar ist nicht ganz 8 Ctm. lang; es stimmt bezüglich der geringen Grösse der Augen, der Stirnbreite, Kopflänge, Schilderzahl am Rumpfe mit Dr. Günther's Beschreibung überein, doch kann der Kopf nicht stark deprimirt genannt werden, da er an der Oberseite querüber mässig gewölbt und c. halb so hoch wie lang ist.

Schnauze oben wie seitlich zum grössten Theile von einer dicken Haut überdeckt, erst in geringer Entfernung vor den Narinen und den Augen liegen an der Oberseite der Schnauze sowie seitlich an der Wangengegend, etwa bis zu einer schrägen Linie, welche die Narinen mit dem Vorderrand des Operkels verbinden würde, Knochenplättchen.

Die Kopflänge ist unbedeutend weniger als 3 mal in der Körperlänge, der Augendiameter etwas mehr als 10 mal in der Kopflänge und 3 mal in der Stirnbreite, letztere nahezu 3²/₃ mal in der Kopflänge enthalten.

Die längsten Stacheln des Interoperkels sind c. 2 mal so lang wie das Auge, und ihrer ganzen Länge nach wie die übrigen von ihrer Basis an nur sehr schwach gebogen. Die Kopfbreite steht der Kopflänge ein wenig nach.

Kopf- und Rumpfschilder ohne Leisten, erstere mit noch zarteren haarförmigen Zähnchen besetzt als die Rumpfschilder.

D. 1/9. L. lat. 24.

Fundort: Rio de Totora bei Chirimoto.

Chaetostomus Branickii Steind.

Von dieser bereits von mir nach Exemplaren von Callacate beschriebenen und abgebildeten Art (s. Steind. Beiträge zur Kenntniss der Flussfische Südamerika's II. Theil, Bd. XLIII der Denkschr. der mathem.-naturw. Classe der kais. Akad. d. Wissensch., p. 18, Taf. VI, Fig. 1—1 b) erhielt ich neuerdings ein nahezu 11 Ctm. langes Exemplar aus dem Huambo.

Bei einer Kopflänge von 27 Mm. ist der Augendiameter 8 mal, die Stirnbreite etwas mehr als 3 mal, die Schnauzenlänge 1¹₂ mal, die Kopfhöhe c. 1³/₄ mal in der Kopflänge enthalten.

D. 1/8. L. lat. 23.

Chaetostomus Taczanowskii n. sp.

Taf. V, Fig. 2—2 a.

Körperform gedrungen, Kopflinie bis zur Augengegend mehr oder minder rasch bogenförmig sich erhebend. Schnauze vorne und seitlich bis zum Interoperculum mit nackter, pergamentartiger Haut umgeben. Auge klein,

24 *Franz Steindachner.*

Stirne querüber flach. Drei Reihen von Stacheln am Interoperkel, die längsten hinteren im äusseren Theile mässig gebogen und bei Exemplaren von 14—17 Ctm. Länge 1½—2mal länger als das kleine Auge. Kopf- und Rumpfschilder ohne Leisten und Kiele (mit Ausnahme einer schwach entwickelten Posthumeralleiste), doch mit äusserst zarten haarförmigen Zähnchen besetzt.

Die Länge des Kopfes bis zum hinteren Rande des Schläfenschildes ist ein wenig mehr als 3mal, die grösste Rumpfhöhe über den Pectoralen 5⅔ bis c. 5mal in der Körperlänge, der Augendiameter 9—10½mal, die Stirnbreite 3—3¼mal, die Schnauzenlänge c. 1⅔mal, die Kopfhöhe durchschnittlich 2mal, die Kopfbreite ganz unbedeutend mehr als 1mal, die Breite der Mundspalte 1½—1⅔mal in der Kopflänge enthalten.

Keine Barteln am Schnauzenrande. Mundwinkelbarteln eben so lang oder wenig länger als ein Augendiameter. Unterlippe papillös, am hinteren Rande nur mässig gebogen und in zahlreiche kurze Zacken auslaufend; ihre grösste Länge ist 4⅔—5½mal in der Kopflänge enthalten.

Kieferzähne äusserst zahlreich, zart, dicht aneinander gedrängt, gegen die getheilte Spitze zu winkelförmig nach innen umgebogen. Ein zapfenförmiges Läppchen in der Mundhöhle oben hinter der Mitte der Zwischenkiefer, noch weiter nach innen jederseits eine sehr schmale, herabhängende Hautfalte. Hinter der Zahnreihe des Unterkiefers jederseits eine Gruppe papillenartiger Hautläppchen.

Ein mässig schmaler Streif längs der Mitte des ganzen Kopfes ist von einer dicken, hie und da mit Zähnchen besetzten Haut umhüllt, daher die Umrisse des Stirn- und Hinterhauptknochen äusserlich nicht sichtbar sind. Ein hohes Hautläppchen trennt beide Narinen einer Kopfseite von einander. Die vorderen Narinen liegen mindestens 2mal näher zum Auge als zum vorderen Schnauzenende. Der Beginn der Dorsale fällt ein wenig vor die Einlenkungsstelle der Ventralen und ist (bei dem kleineren Exemplare) ebenso weit vom vordersten Schnauzenende wie vom Stachel der Fettflosse entfernt oder liegt letzterem ein wenig näher als ersterem (bei dem grössten Exemplare.)

Die Höhe des sogenannten Dorsalstachels übertrifft nur wenig die Basislänge der Flosse und gleicht bei dem kleineren Exemplare der Schnauzenlänge mit Einschluss des Auges, bei dem grösseren genau der Schnauzenlänge allein; der Stachel selbst ist biegsam, schwach.

De kräftige deprimirte Pectoralstachel ist c. um einen Augendiameter kürzer als der Kopf, an der Oberseite gegen die Spitzen zu mit mehr oder minder langen, etwas beweglichen, hakenförmigen Zähnen besetzt und überragt nach hinten stets die Basis der Ventralen.

Der biegsame Ventralstachel ist breit, deprimirt, ein wenig länger als der Dorsalstachel, doch etwas kürzer als der Stachel der Pectorale und stärker säbelförmig gebogen als letzterer.

Die Höhe der fünfstrahligen Anale erreicht nur bei dem grösseren Exemplare genau die Hälfte der Bauchflossenlänge; die Basislänge der Afterflosse beträgt etwas mehr als eine Augenlänge.

Der hintere Rand der Caudale ist nach hinten und unten geneigt und äusserst schwach concav. Der untere Randstrahl ist der längste Strahl der Flosse und nur wenig kürzer als der Kopf, während der obere Randstrahl fast um zwei Augenlängen kürzer als der untere ist.

26 Schilder am Rumpfe längs der Seitenlinie bis zur Basis der mittleren Caudalstrahlen. Eine Querreihe sehr schmaler, verhältnissmässig aber langer Schilder deckt die Basis der Caudale. Sechs Schilder zwischen der Dorsale und Fettflosse, 8—9 zwischen der Anale und Caudale. Bei dem grösseren Exemplare sind in Folge einer Beschädigung die Schilder hinter der Anale abnorm gestaltet, sehr gross und geringer an Zahl als bei den kleineren. Oberseite des Kopfes und Seiten des Rumpfes oliven grün, Bauchseite schmutzig hellgelb, Unterseite der paarigen Flossen wässerig und schmutzig gelblichgrün; Kopf, Rumpf und Flossen ungefleckt, mit Ausnahme der Caudale, welche bei dem kleinen Exemplare von 14 Ctm. Länge deutliche Spuren grauvioletter Flecken in mehreren Querreihen zeigt.

Bei einem dritten, kaum 9 Ctm. langen Exemplare dagegen ist der Kopf mit gelben Flecken dicht besetzt und die Dorsale zeigt drei schräge nach hinten und unten laufende grauviolette Längsbinde. Auf der Caudale liegen in vorderer Längenhälfte zwei grauviolette Querbinden und hinter diesen Spuren zweier Reihen ähnlich gefärbter Flecken. Kopflänge 3mal in der Körperlänge, Augendiameter 7mal, Stirnbreite 2¼mal, Kopfhöhe

2 mal, Kopfbreite unbedeutend mehr als 1 mal, Schnauzenlänge c. 1³/₅ mal in der Kopflänge enthalten. Stirne quertüber ein wenig gewölbt. Seiten des Rumpfes grau mit äusserst schwach angedeuteten dunkleren Wolkenflecken.

Ich glaube dieses kleine Exemplar aus dem Rio de Tortora von den beiden zuerst beschriebenen grösseren Exemplaren aus dem Huambo nicht specifisch trennen zu dürfen, da es in allen wesentlichen Merkmalen so z. B. in der Zahl der Schilder längs der Seitenlinie, Zahl der Dorsalstrahlen, Nacktheit der Schnauze, Form der Interoperkelstrahlen mit den grösseren Exemplaren übereinstimmt.

D. 1/8. A. 1/4. P. 1/6 V. 1/5. L. lat. 26.

Pimelodus Pentlandii C. V.

Nach Herrn Taczanowski's brieflicher Mittheilung von den Eingeborenen am Huambo „Kuntsche" genannt.

In Huambo häufig.

Creagrutus peruanus Steind.

Tetragonopterus Jelskii Steind.

(Steind., Ichthyol. Beitr. IV, 1875, p, 40—41 im Separatabdr.)

Ein Exemplar, 11¹/₂ Ctm. lang, aus dem Huambo.

D. 10. A. 3/32. P. 12. L. lat. 39 (+3 auf d. Caud.). L. tr. 7¹/₂ / 1/6.

Körperhöhe mehr als 2²/₃ mal, Kopflänge 4¹/₄ mal in der Körperlänge enthalten. Der schwärzliche Fleck am Caudalstiele setzt sich über die fünf mittleren Caudalstrahlen bis zu deren hinterem Ende fort. Humeralfleck quergestellt, verschwommen.

Tetragonopterus huambonicus n. sp.? (an *T. polyodon* Gthr.?).

Taf. V, Fig. 1 (♂).

D. 10. A. 3/23—24. P. 12—13. V. 8. L. lat. 42—43 (+ c. 3 auf der Caud.). L. tr. 7¹/₂—8/1, 6—7.

Körperform gestreckt, Kopf kurz mit abgestumpfter Schnauze. Bauchlinie bis zur Ventrale bei Weibchen stärker gebogen als die Rückenlinie (bis zur Dorsale); obere Kopflinie am Hinterhaupte schwach concav.

Kopflänge 4¹/₃ — weniger als 4¹/₄ mal, grösste Rumpfhöhe etwas mehr als 2²/₃—3 mal (bei einem ♂) in der Körperlänge, Augendiameter 3¹/₃ — nahezu 3²/₃ mal, Schnauzenlänge bis zur Kinnspitze etwas mehr als 3 mal, Stirnbreite 2³/₅ — (bei einem Männchen von 10³/₄ Ctm. Länge) 3—3 mal in der Kopflänge enthalten. Die Mundspalte steigt rasch nach vorne an. Der Vorderrand des Oberkiefers ist seiner ganzen Länge mit ziemlich starken, mit freiem Auge deutlich erkennbaren Zähnen besetzt; das hintere Ende des Oberkiefers fällt in verticaler Richtung vor oder genau unter die Augenmitte. Die Zwischenkieferzähne der äusseren Reihe sind bedeutend kleiner als die der Innenreihe, letztere wieder kleiner als die vorderen Zähne im Unterkiefer. Stirne quertüber oval gebogen bei den zwei kleinen Exemplaren, flacher gedrückt bei dem grösseren. Der hintere Rand der hinteren Augenrandknochen ist von dem aufsteigenden Rande des Vordeckels durch einen nackten Streif von sehr geringer Breite getrennt. Der Beginn der Dorsale fällt bei einem kleinen Exemplare von nur 8¹/₂ Ctm. Länge (♂) merklich hinter die Mitte der Körperlänge, bei zwei grösseren aber von 10 und 10³/₄ Ctm. Länge (♀ und ♂) genau in die Mitte derselben, stets aber bedeutend hinter die Insertionsstelle der Ventralen in verticaler Richtung.

Die Höhe der Dorsale steht um c. ¹/₂—² einer Augenlänge der Kopflänge nach und ist nicht ganz oder genau 2 mal so bedeutend wie die Basislänge der Flosse, welche c. 2 mal in der Kopflänge enthalten ist.

Die Pectorale ist bei Männchen ein wenig länger als bei Weibchen und erreicht mit ihrer Spitze nur bei ersteren genau die Basis der Ventralen. Bei einem Männchen von 10³/₄ Ctm. Länge ist die Pectorale kaum um eine halbe, bei einem Weibchen von 10 Ctm. Länge nahezu um eine ganze Schnauzenlänge kürzer als der Kopf.

Die Ventralen reichen nur bei einem Exemplare (♂) von 10³/₄ Ctm. Länge mit ihrer Spitze noch ein wenig über den Beginn der Anale zurück, bei den zwei übrigen Exemplaren, einem kleinen Männchen und 10 Ctm. langen Weibchen nur bis zur Analgrube und sind durchschnittlich ²/₃ mal so lang wie der Kopf.

Die Analstrahlen sind bei Männchen zur Laichzeit dicht ihrer ganzen Höhe nach gezähnt, so bei dem auf Taf. V, Fig. 1 abgebildeten Exemplare, welches auch durch die besondere Höhe des stark comprimirten Caudalstieles ausgezeichnet ist, welche genau der Hälfte der grössten Rumpfhöhe gleicht, während sie bei den zwei kleineren Exemplaren $2^1/_2$ (bei einem kleinen ♂) bis 3 mal (bei einem ♀) in letzteren enthalten ist.

Caudallappen bald mehr bald minder schlank, im ersteren Falle stark zugespitzt, stets mindestens so lang wie der Kopf.

Schulterfleck verschwommen, quergestellt, die 4.—6. Schuppe der Seitenlinie kreuzend und zuweilen weit nach oben sich ausdehnend. Graue Seitenbinde am Rumpfe mehr oder minder breit, verschwommen oder ziemlich scharf abgegrenzt. Caudalfleck am Schwanzstiele stark verschwommen, zuweilen bis zum hinteren Rande der mittleren Caudalstrahlen sich fortsetzend.

Fundorte: Callacate und Rio Huambo.

In der Stärke der Bezähnung des ganzen vorderen Randes des Oberkiefers stimmen die hier beschriebenen Exemplare mit *Tetragonopterus (Hemibrycon) polyodon* Gthr. überein, ebenso in der Zahl der Schuppen längs der Seitenlinie, in der Zahl der Flossenstrahlen und in der Lage der Dorsale. Doch soll nach Dr. Günther's Beschreibung der Unterkiefer über den Zwischenkiefer vorspringen, was bei den von mir untersuchten Exemplaren wenigstens bezüglich des Vorderrandes des Unterkiefers nicht der Fall ist, und die Spitze der Pectoralen die Ventralen erreichen, welche Eigenthümlichkeit sich nur bei dem grösseren Männchen der Stolzmann'schen Sammlung zeigt, dessen Analstrahlen stark gezähnt sind, nicht aber bei den zwei Weibchen mit den kürzeren Ventralen. Vielleicht ist das im britischen Museum befindliche Exemplar ein Männchen, welches ausser der Laichzeit gefangen wurde. Endlich ist bei *T. polyodon* nach Günther die Rumpfhöhe $3^1/_2$ mal in der Körperlänge enthalten, bei den von uns untersuchten Exemplaren nur 3 mal bei dem grösseren Männchen und $2^1/_3$ — fast $2^3/_4$ mal bei einem Weibchen von 10 Ctm. und einem Männchen von $8^1/_2$ Ctm. Länge. Aus diesem Grunde hauptsächlich wagte ich es nicht, die Exemplare aus dem Huambo und von Callacate bei Cuervo (in einer Seehöhe von 4800—5000 Fuss) mit *T. polyodon* Gthr. von Guayaquil der Art nach zu vereinigen, zumal das Geschlecht des typischen Exemplares im britischen Museum nicht angegeben ist.

III.

Über einige Siluroiden und Characinen von Canelos (Ecuador) und aus dem Amazonen-Strome.

Acestra Knerii n. sp.

Taf. VII, Fig. 1, 1 *a.*

Diese Art bildet bezüglich der Längenentwicklung der Schnauze ein Verbindungsglied zwischen *Acestra acus* Kn. und *A. oxyrhyncha* Kn.

Die Länge der Schnauze, bis zum vorderen Augenrande gemessen, ist $1^1/_3$—$1^2/_5$ mal in der Kopflänge (bis zum hinteren Rande des mittleren Hinterhauptschildes), letztere c. $3^3/_4$—4 mal in der Körperlänge, der Durchmesser des runden Auges $8^1/_4$—10 mal in der Schnauzen- oder 12—14 mal in der Kopflänge, die Stirnbreite $4^3/_5$ mal, der Abstand der Mundwinkel von dem vorderen Schnauzenrande c. $1^3/_4$ mal in der Kopflänge enthalten.

Die grösste Breite des Körpers zwischen den Ventralen ist $3^3/_5$—$3^3/_4$ mal, die grösste Kopfhöhe am Hinterhaupte 5— c. $4^1/_3$ mal in der Länge des Kopfes begriffen.

Die seitlich gelegenen Augen zeigen keinen Ausschnitt am hinteren Rande und ihr Abstand von einander beträgt drei Augendiameter.

Die beiden Narinen einer Kopfseite liegen in geringer Entfernung vor und etwas über dem Auge in einer ovalen grubenförmigen Vertiefung an der Oberseite der Schnauze.

Die Schnauze nimmt vom Auge bis zur Gegend der quergestellten unterständigen Mundspalte nur wenig, von letzterer bis zur Längenmitte der ganzen Schnauze rasch an Breite ab; in der ganzen vorderen Längenhälfte bleibt die Schnauze nahezu von gleicher (geringer) Breite bis zum vorderen, schwachgerundeten oder fast abgestutzt erscheinenden Rande.

Der Seitenrand der Schnauze zeigt weder Borsten noch Zähne, wohl aber unter der Loupe betrachtet, kornförmige knöcherne Tuberkeln, die ein wenig grösser sind als auf den übrigen Theilen der Schnauze.

Die Kieferzähne sind klein, zart, ziemlich zahlreich und an der gabelig gespaltenen, goldgelb gefärbten Spitze nach innen winkelförmig umgebogen. Unterlippe stark entwickelt, am hinteren Rande bogenförmig gerundet und an der ganzen Aussenfläche papillös.

An dem mittleren Hinterhauptschilde zeigt sich eine *X*förmige Doppelleiste, deren Flügel nach vorn weiter auseinander weichen, als nach hinten. Die seitlichen Hinterhauptschilder sind klein; sie liegen in einem dreieckigen Einschnitt zwischen der hinteren Hälfte des äusseren seitlichen Randes des mittleren Hinterhauptschildes und dem oberen seitlichen Rande des grossen Schläfenschildes; bei einem Exemplare unserer Sammlung sind sie mit dem letztgenannten Kopfschilde fast ganz verschmolzen.

Der Abstand der Dorsale von dem hinteren oberen Kopfende übertrifft die Schnauzenlänge nur unbedeutend. Der Beginn der Dorsale fällt in verticaler Richtung ein wenig vor den der Anale. Die grösste Höhe der Rückenflosse am ersten biegsamen Strahle ist $1^4/_5 - 1^5/_6$ mal, die Länge der Pectorale $2^1/_2 - 2^3/_5$ mal, die der Ventralen c. 4 mal in der Kopflänge enthalten.

Die Spitze des ersten längsten Pectoralstrahles reicht nicht ganz bis zur Insertionsstelle der kurzen Ventralen zurück, deren erster Strahl stärker verdickt ist als jeder der Dorsale oder Pectorale.

Die Höhe des ersten längsten Analstrahles gleicht genau oder nahezu der des ersten Dorsalstrahles, auch an Stärke stimmen diese beiden Strahlen überein. Der oberste und unterste Caudalstrahl laufen fadenförmig nach hinten aus, sind aber leider bei keinem der von mir untersuchten Exemplare vollständig erhalten; wahrscheinlich dürfte jeder der genannten Strahlen c. halb so lang wie der Körper gewesen sein.

Der schwach verdickte erste Strahl der Dorsale, Anale und Pectorale, der obere und untere Randstrahl der Caudale und der stärker verdickte erste Ventralstrahl sind mit kleinen hakenförmig umgebogenen Zähnchen am vorderen oder äusseren Rande dicht besetzt.

Acht Schilder liegen zwischen dem Hinterhaupte und dem Beginn der Dorsale wie bei *Acestra ueus* Kner; sie sind durch eine Furche längs der Rückenmitte in zwei Hälften getheilt, deren jede in geringer Entfernung und parallel mit dieser Furche eine äusserst zarte Leiste trägt. Nur das hinterste dieser Rückenschilder ist nicht durch eine Furche, sondern durch eingeschobenes längliches Schild (Stützschild der Dorsale) abgetheilt, wie bei *A. ueus, oxyrhynchus* etc.

22 Schilder liegen zwischen dem Beginne der Dorsale und dem der Caudale am Rücken, 7—8 zwischen der Pectorale und Ventrale an den Seiten des Bauches, zur Hälfte auch auf die Rumpfseiten übergreifend, in einer Längsreihe. Drei Schilderreihen quertüber an der Bauchfläche von den Ventralen bis in die Nähe der Brustflossen, weiter nach vorne aber vier Schilderreihen.

Die beiden Kiele an jeder Rumpfseite sind schwach entwickelt und vereinigen sich am 11. oder 12. Schilde der beiden seitlichen Schilderreihen zu einem scheinbar einzigen, noch schwächer hervortretenden stumpfen Kiele. Zwischen den Brust- und Bauchflossen trennt eine stumpfe Leiste die Bauchfläche von den Seiten des Rumpfes.

Kopf und Rumpf sind schmutzig grauviolett gefärbt, eine hellere Färbung zeigen die hinteren Ränder der breiten Rückenschilder und die Spitzen der seitlich gelegenen Rumpfschilder.

Die Flossen sind durchsichtig gelblich und mit dunkelgrauen kleinen Flecken in regelmässigen Längs- oder Querreihen geziert. Nur die Caudale ist im vorderen grösseren Theile ihrer mittleren Strahlen intensiv dunkelviolett und hie und da unregelmässig gelb gefleckt.

Die hier beschriebenen beiden Exemplare von Canelos (Ecuador) sind mit Ausschluss der Caudale 11 und $11^1/_2$ Ctm. lang und vortrefflich erhalten.

D. 1/6. A. 1/5. V. 1/4. P. 1/6. C. 1/8/1. Sc. lat. 31—32.

Stegophilus Reinhardtii n. sp.

Taf. VI, Fig. 1.

Diese Art unterscheidet sich von den bisher bekannten Arten der Gattung *Stegophilus* durch die Form des Schwanzstieles, die grosse Zahl der oberen und unteren Stützstrahlen der Caudale und durch die dicht aneinander gedrängte Stellung der am hinteren niedrigen Rande des Schwanzstieles eingelenkten Caudalstrahlen in ganz auffallender Weise. Diese Eigenthümlichkeit kann ich wohl als constant bezeichnen, da ich sie bei sieben Exemplaren von verschiedenem Fundorte vorfinde. Hiezu kommt noch als weiteres Unterscheidungsmerkmal die weiter nach hinten gerückte Lage der Dorsale, welche letztere zum Theile über die Anale (in verticaler Richtung) zu liegen kommt.

Körperform minder schlank als bei *St. insidiosus* Reinh. und *St. maculatus* Steind., Kopf stark deprimirt, hintere Rumpfhälfte stark comprimirt. Die Kopflänge ist c. $6^1/_2$mal, die grösste Rumpfhöhe c. $6^1/_3$—7 mal in der Körperlänge, Durchmesser des in der Regel von einer halbundurchsichtigen Haut überdeckten Auges c. $4^1/_2$—5 mal, Kopfbreite 1 mal, Kopfhöhe 2 mal in der Kopflänge (bis zum hinteren Ende der Operkelstacheln) enthalten. Schnauze sehr kurz, halb elliptisch, am vorderen Rande gerundet und über die Mundspalte vorspringend. Bartel am Mundwinkel merklich länger als das Auge. Die Breite der flachen Stirne übertrifft die Augenlänge stets ziemlich bedeutend (zuweilen 2 mal). Bezahnung der Kiefer, des Operkels und Interoperkels wie bei der typischen Art; Kiemenspalte klein, vertical gestellt, meist auf die Unterseite des Kopfes sich ausdehnend. Der grosse Porus pectoralis liegt über der Basis des letzten Strahles der Brustflossen.

Pectorale c. $1^2/_3$mal in der Kopflänge enthalten; oberster Pectoralstrahl einfach, etwas kürzer als der folgende. Hinterer Rand der Pectorale gerundet. Die Dorsale liegt (an ihrem Beginne) 2 mal näher zur Basis der mittleren Caudalstrahlen als zum vorderen Kopfende und fällt in verticaler Richtung mindestens mit der hinteren Längenhälfte ihrer Basis über die Anale; das hintere Basisende der Anale überragt in der Regel nur unbedeutend das der Dorsale.

In geringer Entfernung hinter der Dorsale und Anale beginnt der Schwanzstiel allmälig und gleichförmig an Höhe abzunehmen, so dass seine Höhe am hinteren, schwach gerundeten Rande nur einer Augenlänge gleicht. InFolge der geringen Höhenausdehnung des hinteren Endes des Schwanzstieles liegen die an letzterem sich einlenkenden Caudalstrahlen ausserordentlich dicht aneinander gedrängt und können wegen der geringen Entwicklung der sie verbindenden Haut nicht von einander entfernt werden. An dem ganzen oberen und unteren Rand des niedrigen Schwanzstieles ziehen sich äusserst zahlreiche, von einer ziemlich dicken Haut umhüllte Stützstrahlen der Caudale bis in die Nähe der Dorsale und Anale hin, und nehmen gegen die das hintere Ende des Schwanzstieles sich ansetzenden Caudalstrahlen allmälig an Höhe zu. Der hintere Rand der Caudale ist schwach gerundet, die Länge der mittleren Caudalstrahlen übertrifft die Hälfte einer Kopflänge nicht bedeutend.

D. 9—10. A. 8—9. P. 6. V. 5.

Kopf und Rumpf hell bräunlichgelb oder isabellfärbig (bei Weingeistexemplaren) und unter der Loupe betrachtet, mit zahllosen schwärzlich violetten Pünktchen übersäet, die hie und da zu Nebelflecken sich vereinigen.

Fundorte: Rio Iça, Montalegre, See Manacapuru (Thayer-Expedition).

Vier der im Wiener Museum befindlichen typischen Exemplare stammen aus dem Amazonenstrome bei Teffé und Tabatinga (Collect. Wessel und Brandt), und ein fünftes aus dem Iça (Geschenk von Prof. L. Agassiz).

Stegophilus macrops n. sp.

Taf. VI, Fig. 2, 2 a.

Caudale am hinteren Rande halbmondförmig eingebuchtet, mit zahlreichen Stützstrahlen, Anale in verticaler Richtung nur unbedeutend vor dem Basisende der Dorsale beginnend. Kopf länger als breit, Kopflänge ein wenig mehr als 5 mal, Rumpfhöhe 5 mal in der Körperlänge, Augendiameter c. $3^2/_5$ mal, Kopfbreite $1^1/_4$ mal,

Kopfhöhe 2 mal in der Kopflänge enthalten. Barteln am Mundwinkel kürzer als bei *St. Reinhardtii*, fast nur halb so lang wie ein Auge. Stirnbreite etwas beträchtlicher als ein Augendiameter.

Die Kiemenspalte dehnt sich ein wenig über die Unterseite des Kopfes aus und die Schnauze überragt nach vorne die Mundspalte, die in der Bezahnungsweise mit den übrigen *Stegophilus*-Arten übereinstimmt.

Die Pectorale gleicht an Länge dem Kopfe mit Ausschluss der Schnauze.

Der Beginn der Dorsale fällt $1\frac{1}{2}$ mal näher zum hinteren Ende des Schwanzstieles als zum vorderen Kopfende.

Der Beginn der Anale fällt in verticaler Richtung unter die Basis der letzten Dorsalstrahlen.

Die Höhe des Schwanzstieles nimmt nach hinten kaum ab; die an seinen hinteren Rand sich anlegenden Caudalstrahlen sind minder dicht an einander gedrängt als bei der früher beschriebenen Art und durch eine etwas breitere Flossenhaut mit einander verbunden. Die Zahl und Höhe der Stützstrahlen der Caudale endlich ist bedeutend geringer als bei *St. Reinhardtii* und sie reichen insbesondere am oberen Rande der Dorsale nicht so weit nach vorne.

Seiten des Kopfes und Rumpfes sehr hell bräunlich, ohne dunklere Punkte.

Bauchseite weisslich. Flossen weisslich gelb. Untere Hälfte der Caudale gegen den hinteren Rand zu bräunlich.

D. 10. A. 9. P. 6. V. 5.

Totallänge des beschriebenen Exemplares (Geschenk von Prof L. Agassiz) aus dem See Manacapuru: 6 Ctm.

Trichomycterus amazonicus n. sp.

Taf. VI, Fig. 4. 4 *a*.

Kopflänge gleich der Rumpfhöhe und unbedeutend mehr als 6 mal in der Körperlänge enthalten, Kopfbreite der Kopflänge nahezu gleich. Kopf sehr stark deprimirt, Schwanzstiel stark comprimirt.

Die Nasalbarteln reichen nahezu bis zum hinteren Deckelrande zurück, die Oberkieferbarteln bis zu Ende des ersten Längendrittels des fadenförmig verlängerten obersten Pectoralstrahles, die Mundwinkelbarteln bis zur Basis der Pectorale. Augen sehr klein, Breite der Stirne nur wenig bedeutender als eine Augenlänge. Hinteres Augenende ein wenig vor der Mitte der Kopflänge gelegen.

Dorsale und Anale gegenständig, der Beginn beider Flossen fällt genau in eine Verticallinie, somit ist die Dorsale vollständig hinter der Ventrale gelegen. Ventralen sehr kurz, halb so lang wie der Kopf; Caudale nach hinten fächerförmig sich ausbreitend, am hinteren Rande mässig bogenförmig gerundet. Erster längster Pectoralstrahl fast so lang wie der Kopf und mit seiner fadenförmigen Verlängerung den gerundeten Rand der fünf übrigen Strahlen bedeutend überragend. Pectoralporus deutlich sichtbar.

Chocoladebraun mit sehr schwach bemerkbaren, dunkleren Fleckchen am Schwanzstiele. Dorsal- und Caudalstrahlen violet getüpfelt.

D. 8. A. 7. P. 6. V. 5.

Ein Exemplar, 6 Ctm. lang, von Cudajas. (Coll. Wessel.)

Centromochlus Perugiae n. sp.

Taf. VII, Fig. 2. 2 *a* (δ).

Kopf- und Nackenschilder fein granulirt, grubig. Oberseite des Kopfes der Länge und Breite nach schwach gewölbt. Kopflänge, nur bis zur Deckelspitze gemessen, c. 4 mal, Entfernung der Basis des Dorsalstachels vom vorderen Kopfende c. 3 mal, grösste Rumpfhöhe unter dem Beginne der Dorsale nur wenig mehr als 4 mal in der Körperlänge, längerer Augendiameter c. $2\frac{3}{5}$ mal, Stirnbreite c. $1\frac{1}{4}$ mal in der Kopflänge enthalten.

Schnauze sehr kurz, am vorderen breiten Rande schwach gebogen. Dicht an einander gedrängte Bürstenzähnchen in beiden Kiefern. Oberkieferbarteln sehr zart, lang, noch ein wenig über die Kiemendeckelspitze zurückreichend; vordere Unterkieferbarteln c. so lang wie ein Auge, hintere merklich länger.

Die beiden Narinenpaare liegen auf der Oberseite des Kopfes, das vordere derselben nahezu am Schnauzenrande. Die tropfenförmige, kleine Stirnfontanelle spitzt sich nach vorne zu, und fällt mit ihrem hinteren Ende in eine Querlinie mit den hinteren Narinen. Der Humeralfortsatz ist stachelförmig, an der unteren Randleiste gezähnt und reicht mit seiner Spitze bis zur Längenmitte des Pectoralstachels. Der Kiemendeckel ist von halbelliptischer Form, nach hinten von einer häutigen Falte umgeben. Die Kiemenspalte reicht nach unten und vorne nicht über die Basishöhe des Pectoralstachels hinab.

Stützschild vor der Dorsale sattelförmig, am hinteren Rand tief oval eingebuchtet und seitlich nach hinten in einen Fortsatz ausgezogen, dessen abgerundetes Ende genau so weit nach hinten sich erstreckt, wie die Spitze des Humeralfortsatzes.

Der kräftige Dorsalstachel läuft in eine kurze häutige Spitze aus, ist mit dieser eben so lang wie der Kopf, schwach säbelförmig gebogen, und am vorderen Rande bis zur Stachelspitze gezähnt; die Zähne nehmen in geringer Entfernung unterhalb der Stachelspitze gegen die Basis des Stachels allmälig an Länge und Stärke ab, der 4. Zahn unterhalb der Stachelspitze ist bei dem grössten der drei von uns untersuchten Exemplare am längsten.

Der Stachel der Pectorale übertrifft den der Dorsale an Länge und Stärke und kommt nahezu $1\frac{1}{2}$ der Körperlänge gleich; er ist am inneren Rande mit ziemlich grossen Hakenzähnen besetzt, welche minder dicht neben einander liegen als die Zähne am Aussenrande des Pectoralstachels. Letztere gleichen an Stärke jenen am Vorderrande des Dorsalstachels.

Die Einlenkungsstelle der Ventrale liegt ein wenig hinter der Mitte der Körperlänge. Die Länge der Ventralen erreicht fast nur die Hälfte der Pectorallänge; die Spitzen derselben reichen aber über die Aftermündung (mit erhöhtem Rande) hinaus. In ziemlicher Entfernung hinter der Analmündung liegt unmittelbar vor dem Beginn der Anale eine halbmondförmige Spalte, aus welcher die feine und mässig lange Papilla urethralis herausragt.

Die Analstrahlen sitzen (vielleicht nur bei Männchen) auf einer verdickten, nach unten und hinten vorspringenden, fast vertical gestellten Basis.

Die drei ersten Analstrahlen sind nur gegliedert, nicht gespalten.

Der erste Analstrahl ist bei den Männchen kurz, nach Art einer Messerschneide comprimirt, im oberen basalen Theile breit, nach unten spitz zulaufend, und legt sich gleich dem 3. Analstrahl fest an den zweiten etwas minder stark comprimirten, aber mehr als 2mal höheren Analstrahl von der Basis bis zur Spitze an. Der 3. dünne, einfache Analstrahl bildet mit dem 2. Strahle am unteren Ende eine etwas nach oben aufgebogene stumpfe Spitze. Die folgenden Analstrahlen nehmen hierauf bis zum letzten allmälig an Höhe ab; sie sind gegliedert und im unteren Theile gegen ihre Spitze zu gespalten; doch auch diese Strahlen schliessen sich gegen die Spitze zu, unterhalb der Spaltstelle, enge an einander an, während sie weiter nach oben (gegen die Basis zu) wenigstens durch sehr schmale Zwischenräume geschieden sind.

Der höchste 2. und 3. Analstrahl gleicht an Länge der Entfernung des Augencentrums vom hinteren Deckelende.

Die Caudale ist kaum länger als der Kopf und am hinteren Rande ziemlich tief, dreieckig eingebuchtet. Die Caudallappen sind von gleicher Länge, nach hinten zugespitzt.

Bei dem kleinsten, fast nur 4 Ctm. langen Exemplare unserer Sammlung liegen auf den Seiten des Rumpfes acht viereckige, fast querbindenähnliche, dunkelviolette Flecken auf granlichweissen Grunde, von denen nur der 4. und 5. in zwei übereinander liegende kleinere Flecken abgetheilt ist. Bei den zwei grösseren Exemplaren sind alle diese Flecken in der vorderen grösseren Rumpfhälfte (bis zum Beginne der Anale) in 4—5 horizontal laufende Fleckenreihen, am stark comprimirten Schwanzstiele in 2 Reihen aufgelöst; die Flecken selbst sind in jeder unteren Reihe kleiner als in der darüberliegenden. Auf der Caudale bemerkt man zwei quergestellte Fleckenreihen; jede enthält nur zwei Flecken, von denen die der vorderen Reihe zunächst hinter der Basis der Caudale grösser und schärfer ausgeprägt sind als in der 2. Querreihe. Die Oberseite des Kopfes ist gleichfalls violett gefleckt, doch sind die Flecken minder intensiv gefärbt und an den Rändern verschwommen.

Sämmtliche Flossen hellgelb und mit Ausnahme der Caudale ungefleckt. Drei Exemplare (Männchen) bis zu 54 Mm. Länge von Canelos (Ecuador).

D. 1/5. A. 8. P. 1/5. V. 6

Ich habe mir erlaubt, diese interessante, auffallend gezeichnete Art nach dem vortrefflichen Ichtyologen, Herrn Albert Perugia in Triest zu benennen, um demselben für die zahlreichen Spenden seltener Fische der Adria an das k. k. zoologische Hofkabinet meinen Dank auszudrücken.

Epapterus dispilurus Cope.

Zu dieser von Professor Cope im Jahre 1878 (Proc. Amer. Philos. Soc. XVII, p. 678) beschriebenen Art und Gattung sind jene Exemplare zu beziehen, welche ich in dem 43. Bande der Denkschriften der Wiener-Akademie (Beiträge zur Kenntniss der Flussfische Südamerika's, p. 17) als *Eunuemus longipinnis* Agass. (in lit.) beschrieb, indem sowohl Kieferzähne als Fettflosse fehlen.

Als bisher bekannte Fundorte dieser Art sind daher der Hyavary und der Amazonenstrom in seinem peruanischen Laufe anzugeben.

Cetopsis plumbeus n. sp.

Taf. VI, Fig. 3.

Körperform gestreckt, Kopf und Rumpf comprimirt.

Kopflänge 4—4^1/$_3$mal, grösste Rumpfhöhe etwas mehr als 5 — nahezu 6mal in der Körperlänge enthalten. Auge ziemlich gross, überhäutet, genau oder etwas mehr als 5mal, Schnauzenlänge c. 4—3^1/$_3$mal, Stirnbreite c. 4mal, Kopfbreite nahezu 2mal, Kopfhöhe 1^1/$_6$—1^3/$_{14}$ in der Kopflänge begriffen.

Die Mundwinkel fallen unter oder ein wenig vor die Augenmitte. Der Unterkiefer wird von der gewölbten Schnauze ein wenig überragt.

Die Kiefer- und Vorderzähne sind bei dieser Art ziemlich gross spitz.

Die Zahnbinde des Zwischenkiefers enthält gegen die Kiefermitte zu drei, seitlich nur zwei Zahnreihen; die Unterkieferzähne sind merklich grösser als die des Zwischenkiefers und 2reihig. Vomer mit einer einzigen bogenförmig gerundeten Zahnreihe. Mundspalte mehr oder minder bedeutend breiter als lang.

Maxillar- und Kinnbarteln äusserst zart; erstere reichen bis zum Vorderrande des Deckels zurück. Die vorderen inneren Kinnbarteln liegen bedeutend näher zu den hinteren äusseren Barteln, welche so lang wie die Schnauze mit Einschluss des Auges sind, als zum vorderen Ende des Unterkiefers.

Die hinteren Narinen liegen unmittelbar an dem oberen Augenrande, circa über der Augenmitte, sind von einem erhöhten häutigen Rande umgeben und ziemlich weit. Die vorderen Narinen öffnen sich in geringer Entfernung von den hinteren Narinen und sind zugleich etwas weiter nach Innen gerückt.

Der ganze Kopf ist glatt, ziemlich dick und lose überhäutet.

Die Dorsale beginnt zu Ende des ersten Drittels der Körperlänge; der erste höchste Strahl ist stärker als die übrigen, nicht gespalten, doch stark in schräger Richtung gegliedert; seine Höhe kommt nahezu einer Kopflänge gleich.

Der Beginn der Anale fällt ein wenig hinter die Mitte der Körperlänge, und die Basislänge der Anale erreicht bei den kleineren Exemplaren von nicht ganz 6 Ctm. Länge mehr, bei dem grösseren von 7 Ctm. Länge weniger als ^{1}/$_3$ der Körperlänge.

Die Caudale ist am hinteren Ende tief halbmondförmig oder halb elliptisch eingebuchtet und ein wenig länger als der Kopf. Die Caudallappen endigen nach hinten zugespitzt und die kurzen zahlreichen Randstrahlen derselben ziehen sich weit nach vorne am oberen und unteren Rande des auffallend stark comprimirten Caudalstieles fort.

Die Pectoralen sind um etwas mehr oder weniger als eine Schnauzenlänge kürzer als der Kopf und erreichen zurückgelegt mit ihrer Spitze nicht die Basis der Ventralen. Der erste Pectoralstrahl ist stärker als der folgende und wie der erste Dorsalstrahl bis zur Spitze in schräger Richtung gegliedert.

Die Ventralen sind kurzstrahlig und der innerste Strahl ist durch einen Hauptsaum mit der Ventralfläche verbunden.

Unmittelbar hinter der ziemlich weiten Analmündung liegt bei beiden Exemplaren eine kleine Urogenitalpupille.

Caudale und Dorsale zart grau gesprenkelt, die übrigen Flossen einfärbig weisslich gelb. Oberseite des Kopfes und der oberste Theil des Rumpfes dunkel bleifarben; Seiten des Rumpfes und Kopfes auf silberweissem Grunde mit unregelmässig gestalteten Flecken wie gescheckt. Bauchseite bis zur Unterkieferspitze silberweiss ohne Flecken.

D. 1/5. A. 26—27. P. 1/8. V. 6.

Zwei Exemplare, 6—7 Ctm. lang, von Canelos (Ecuador).

Tetragonopterus lepidurus Kner.

Diese Art, von Prof. Kuer nach Exemplaren aus dem Rio Guaporé (Coll. Natterer) beschrieben, ist überaus gemein im Amazonenstrom und wurde von Prof. Agassiz während der Thayer Expedition in dem genannten Strom bei Tabatinga, Teffé, Cudajas, Obidos und Villa bella gefischt.

Schon bei ganz jungen Individuen von 20—30 Mm. Länge sind die mittleren Caudalstrahlen so wie die hintere Hälfte der Caudallappen dunkelbraun gefärbt. Auch in der Zahl der Schuppenreihen so wie der Flossenstrahlen zeigt sich kein Unterschied zwischen ganz jungen und erwachsenen Exemplaren.

Tetragonopterus xinguensis n. sp.

Seitenlinie vollständig, bis zur Basis der Schwanzflosse 30, auf letzterer zwei Schuppen durchbohrend. Caudale vollständig überschuppt.

Dorsale der Ventrale gegenüberliegend, in der Mitte der Rumpflänge beginnend. Oberkiefer zahnlos.

Obere Kopflinie gerade ansteigend. Die Nackenlinie erhebt sich etwas rascher als der gegenüber liegende Theil der Bauchlinie zur Ventrale abfällt.

Stirne breit, quertüber nahezu flach.

Kopflänge $3\frac{1}{3}$mal, Leibeshöhe etwas mehr als $2\frac{1}{3}$mal in der Körperlänge, Stirnbreite etwas mehr als 3mal, Schnauzenlänge c. $3\frac{3}{5}$mal in der Kopflänge enthalten.

Das hintere Ende des schmalen Maxillare fällt in verticaler Richtung nur wenig vor die Augenmitte. Die Dorsale gleicht an Höhe der Länge des Kopfes.

Die Pectorale gleicht an Länge der Entfernung des hinteren Kopfendes von dem vorderen Augenrande und die Spitze derselben erreicht die Basis der Ventrale. Die Ventrale ist ein wenig kürzer als die Pectorale und reicht bis zum Beginn der Anale zurück. Die Caudale ist unbedeutend länger als der Kopf.

Seiten des Körpers goldbraun, Kopf unter dem Auge silberweiss.

Humeralfleck gross, stark verschwommen, bräunlich. Caudalfleck fehlend.

Silbergraue Seitenbinde schmal, über die erste horizontale Schuppenreihe oberhalb der Seitenlinie hinziehend.

D. 11. A. 26. L. lat. 30 (bis zum Beginne der Caud.). L. tr. 5/1/4.

Ein Exemplar, 51 Mm. lang, aus dem Xingu, unterscheidet sich von *T. lepidurus*, der bezüglich der Überschuppung der Caudale nächst verwandten Art, durch die geringere Schuppenzahl längs der Seitenlinie und grössere Rumpfhöhe, von *T. dichrourus* durch die helle Färbung der Schwanzflosse, geringere Schuppenzahl längs der *Linea lateralis* etc.

Tetragonopterus ocellifer n. sp.

Taf. VII, Fig. 5.

Körperform oval; Bauchlinie bis zum hinteren Ende der Analflossenbasis regelmässig bogenförmig gekrümmt. Obere Kopflinie nur sehr wenig nach hinten ansteigend, in der Schnauzengegend schwach convex.

Nackenlinie bis zum Beginn der Dorsale in der Regel nicht rascher sich erhebend als die Bauchlinie bis zur Ventrale sich senkt, doch nur sehr schwach gebogen. Schwanzstiel sehr schlank, niedrig bei kleinen Exemplaren, verhältnissmässig viel höher bei grösseren Individuen.

Grösste Körperhöhe $2^2{}_{,5}$—$2^3{}_4$ mal, Kopflänge $3^1{}_3$—$3^2{}_{,3}$ mal in der Körperlänge, Augendiameter c. $2^1/_4$ mal, Schnauzenlänge c. $3^1{}_4$ mal in der Kopflänge enthalten. Stirne verhältnissmässig breit und einer Augenlänge durchschnittlich gleich. Die Augenrandknochen decken die Wangengegend vollständig bis auf einen schmalen nackten Streif über der unteren Vorleiste und vor dem hinteren aufsteigenden Aste des Vordeckels. Zwischenkieferzähne zweireihig.

Der ganze freie Rand des Oberkiefers zeigt unter der Loupe zarte Zähnchen.

Die Dorsale beginnt hinter den Ventralen (in verticaler Richtung) näher zur Basis der Caudale als zum vorderen Kopfende; die grösste Höhe derselben gleicht der Länge der Pectorale oder einer Kopflänge. Caudale länger als der Kopf, mit zugespitzten Lappen.

Die Spitze der Pectoralen fällt hinter die Insertionsstelle der Ventralen und die der letztgenannten gleichfalls zugespitzten Flossen hinter den Beginn der Anale.

Vorderster Theil der Anale spitz lappenförmig vorspringend.

Schuppen gross. Seitenlinie ausnahmslos unvollständig, nur über 6—8 Schuppen hinziehend. Caudale theilweise beschuppt.

Ein rundlicher scharf abgegrenzter schwarzbrauner Humeralfleck mit einem breiten, silbergrauen Rande umgeben. Caudalfleck rundlich, intensiv schwarzbraun, zuweilen fast ebenso gross wie der Humeralfleck, im obersten Theile nach vorne (am Schwanzstiel-Rücken) von einem silberglänzenden, hellen Flecke (bis zur Fettflosse) begrenzt, oder ringsum von einer hellen Zone umgeben. Eine scharf vortretende graue Linie verbindet den Caudalfleck mit dem Humeralfleck. Seiten des Körpers goldbraun, weiter herab bis zum Beginn der Anale und der Pectoralgegend heller gelb.

D. 11. A. 26—28. V. 8. L. lat. 31 (+2—3 auf d. Caud.). L. tr. 5/1/3$^1/_2$.

Zahlreiche Exemplare bis zu 4 Ctm. Länge aus den Ausständen des Amazonenstromes bei Villa bella und Cudajas.

Tetragonopterus Collettii n. sp.

Taf. VII, Fig. 3.

Seitenlinie vollständig, bis zur Caudale sich fortsetzend.

Körperform gestreckt; Bauchlinie regelmässig, schwach bogenförmig gekrümmt. Rückenlinie schwächer gebogen als die Bauchlinie, doch rascher zur Dorsale ansteigend, als die untere Profillinie des Körpers sich zur Ventrale senkt. Kopflinie in der Stirngegend äusserst schwach concav.

Kopflänge $3^2/_5$—$3^3/_4$ mal, grösste Rumpfhöhe $2^4/_5$—$2^6/_7$ mal, seltener 3 mal in der Körperlänge, Augendiameter und Stirnbreite nahezu 3 mal, Schnauzenlänge $3^1{}_2$—$3^2/_3$ mal in der Kopflänge enthalten.

Stirne querüber nahezu flach. Die Augenrandknochen decken die Wangengegend bis auf einen sehr schmalen nackten Streif unmittelbar vor den Leistenrändern des Vordeckels.

Oberkiefer nicht gezähnt.

Die Dorsale beginnt genau in der Mitte der Körperlänge oder nur wenig näher zum vorderen Kopfende als zur Basis der Schwanzflosse, gleicht an Höhe der Kopflänge und endigt zugespitzt nach oben.

Die Pectoralen sind ein wenig kürzer als der Kopf, und ihre Spitze reicht mindestens bis zur Insertionsstelle der Ventralen zurück.

Die Ventralen sind ein wenig kürzer oder ebenso lang wie die Brustflossen, und ihre Basis fällt in verticaler Richtung ein wenig vor den Beginn der Dorsale. Der 3. oder 4. höchste Analstrahl erreicht die Länge der Pectorale und überragt mit den zunächst gelegenen Strahlen lappenförmig den Rand der übrigen Analstrahlen.

Seiten des Rumpfes hell goldbraun, silberfarbige Seitenbinde nicht sehr scharf hervortretend und am oberen Rande von einer scharf ausgeprägten grauen Linie begrenzt. Humeralfleck sehr schwach entwickelt oder häufig spurlos fehlend. — Caudale zum grossen Theile beschuppt, doch fallen die Schuppen leicht ab.

D. 11. A. 24—25. V. 8. L. lat. 32—33 (+2—3 auf d. Caud.). L. tr. 5/1/3$^1/_2$.

Zahlreiche Exemplare aus dem Amazonenstrome bei Obidos und aus den Hyavary, bis zu 6$^1/_2$ Ctm. Länge.

Tetragonopterus hauxwellianus Cope.

Das Wiener Museum besitzt von dieser hochrückigen, stark comprimirten Art zahlreiche Exemplare bis zu 46 Mm. Länge aus dem Hyavary und grössere bis zu 60 Mm. Länge aus dem Amazonenstrome bei Santarem; diese weichen in einigen Punkten von Prof. Cope's Beschreibung ab.

Zwischen der Seitenlinie und der Basis des ersten Dorsalstrahles liegen ausnahmslos 11—12 (nach Cope 9—10) horizontale Schuppenreihen und längs der Seitenlinie bis zum Beginn der Caudale 50—51 Schuppen in einer Längsreihe.

Die grösste Leibeshöhe ist 2—2$^1/_4$ mal, die Kopflänge 3$^1/_2$—3$^2/_3$ mal in der Körperlänge enthalten.

Der Augendiameter ist bei Exemplaren bis zu 46 Mm. Länge 2$^1/_2$—2$^2/_3$ mal, bei grösseren Individuen von über 50 Mm. Länge 3 mal in der Kopflänge enthalten. Die Stirnbreite gleicht bei den zuerst erwähnten Exemplaren genau einer Augenlänge und übertrifft letztere erst bei älteren Individuen.

Die Schnauze gleicht an Länge $^1/_4$ des Kopfes. Oberkiefer ungezähnt.

Die Bauchlinie ist stark bogenförmig gekrümmt und erreicht ihren tiefsten Stand am Beginn der Anale.

Die obere Profillinie des Kopfes ist in der Hinterhauptsgegend in Folge der raschen Erhebung des Occipitalfortsatzes stark concav, und die Nackenlinie steigt unter mässigen Bogenkrümmung ein wenig steiler gegen die Dorsale an als der gegenüber liegende Theil der Bauchlinie sich senkt.

Der Beginn der Dorsale liegt bald ein wenig vor, bald genau über dem Anfange der Anale, daher stets bedeutend weit hinter der Einlenkungsstelle der Ventralen (in verticaler Richtung) oder genau in, häufiger unbedeutend vor der Mitte der Körperlänge. Die Höhe der Dorsale kommt einer Kopflänge gleich.

Die Ventralen sind circa halb so lang wie der Kopf und reichen bis zum Beginn der Anale zurück; die Spitze der längeren Pectoralen überragt beträchtlich die Einlenkungsstelle der Bauchflossen. Die Länge der Brustflossen gleicht oder übertrifft noch ein wenig die Kopflänge mit Ausschluss der Schnauze.

Silberbinde an den Seiten des Rumpfes breit, scharf ausgeprägt; Humeralfleck verschwommen; Caudalfleck klein, und in der Regel nicht scharf abgegrenzt.

D. 11. A. 44—51. L. lat. 50—51. L. tr. 11—12/1/10.

Tetragonopterus Bellottii n. sp..

Seitenlinie nur 5—7 Schuppen am Rumpf durchbohrend. Caudalfleck fehlend. Oberkiefer im oberen Theile des vorderen Randes gezähnt.

Körperform gestreckt. Rücken und Bauchlinie schwach gebogen.

Kopflänge 3$^3/_4$—3$^1/_2$ mal, grösste Rumpfhöhe 3$^2/_5$—3$^1/_3$ mal in der Körperlänge, Augendiameter 2—2$^1/_3$ mal, Stirnbreite 3 mal, Schnauzenlänge 4 mal in der Kopflänge enthalten.

Dorsale in der Mitte der Körperlänge und stets hinter der Basis der Ventralen in verticaler Richtung beginnend.

Pectoralen mit ihrer Spitze bis zur Insertionsstelle der Ventralen, letztere Flossen bis zum Beginn der Anale zurückreichend.

Humeralfleck intensiv schwarzbraun, rundlich oder oval, und dann höher als lang, stets von einem hellen Ringe umgeben, hinter demselben eine scharf markirte bleigraue Linie zur Basis der Caudale ziehend. Seiten des Rumpfes hell goldbraun.

Beiträge zur Kenntniss der Flussfische Südamerika's.

D. 11. A. 22—24. Sq. lat. 31—32. L. tr. 5/1/3.

Länge der beschriebenen Exemplare bis zu 36 Ctm. Länge. — Sehr gemein bei Tabatinga.

Tetragonopterus Copei n. sp.

Taf. VI, Fig. 6.

Seitenlinie vollständig.

Körperform stark gestreckt. Rücken- und Bauchlinie schwach gebogen.

Kopflänge mehr als $3^4/_5$ mal, Leibeshöhe $3^1/_1$ —3 mal in der Körperlänge, Augendiameter durchschnittlich 3 mal, Schnauzenlänge $3^1/_4$ mal in der Kopflänge enthalten. Stirnbreite der Augenlänge gleich. Schnauze vorne abgestumpft. Oberkiefer zahnlos. Stirne querüber nahezu flach.

Dorsale und Ventrale gegenständig oder erstere ein wenig hinter letzterer in verticaler Richtung beginnend. Dorsale in der Regel genau oder nur unbedeutend hinter der Mitte der Körperlänge beginnend, nach oben zugespitzt, an Höhe der Kopflänge gleich.

Die Pectorale ist circa um die Länge der Schnauze kürzer als der Kopf, nach hinten zugespitzt und reicht nicht ganz bis zur Basis der Ventralen zurück.

Die Ventralen sind nur unbedeutend kürzer als die Brustflossen und reichen mit ihrer Spitze bis zum Beginn der Anale. Der vorderste Theil der Anale ist erhöht und überragt spitz-lappenförmig den Rand der zahlreichen folgenden kurzen Strahlen derselben Flosse.

Caudale mit zugespitzten Lappen, länger als der Kopf, mindestens in der grösseren, vorderen Längenhälfte mit leicht abfallenden Schuppen bedeckt.

Eine ziemlich hohe, doch nicht scharf abgegrenzte silbergraue Binde an den Seiten des Rumpfes, nach oben von einer braunen Linie abgegrenzt, die gegen den Kopf zu in der Schultergegend breiter wird und zugleich eine schwarzbraune Färbung annimmt. Ein eigentlicher Schulterfleck fehlt, ebenso ein Caudalfleck. Die Seitenlinie erstreckt sich bis zur Caudale.

D. 11. A. 21—22. L. lat. 32 (+1—2 auf der Caud.). L. tr. 5/1/3—$3^1/_2$.

Mehrere Exemplare bis zu 45 Mm. Länge aus dem Amazonenstrom bei Santarem.

Drei kleinere Exemplare aus dem Jutahy dürften vielleicht auch zu dieser Art bezogen werden und stimmen in Schuppenzahl und Zahl der Analstrahlen mit jenen von Santarem überein, doch ist ein schwach ausgeprägter Caudal- und Humeralfleck vorhanden, die silberfarbige Seitenbinde hoch und scharf abgegrenzt, die Leibeshöhe $3^1/_2$—$3^1/_2$ mal, die Kopflänge $3^1/_2$—$3^2/_3$ mal in der Körperlänge und der Augendiameter nur $2^1/_4$—$2^1/_2$ mal in der Kopflänge enthalten.

Tetragonopterus Bairdii n. sp.

Seitenlinie vollständig, bis zur Basis der Caudale 37—38 Schuppen durchbohrend.

Körper stark comprimirt. Obere Kopflinie von der Längenmitte der Stirne angefangen concav, Nackenlinie bis zur Dorsale rasch ansteigend, mehr oder minder schwach gebogen. Bauchlinie schwach bogenförmig gekrümmt und nur mässig stark zur Basis der Ventrale gebogen.

Die grösste Rumpfhöhe ist nahezu oder etwas mehr als 3 mal, die Kopflänge $3^3/_5$ mal bis etwas mehr als $3^4/_3$ mal, der Augendiameter $2^3/_5$—3 mal, die Stirnbreite genau oder ein wenig mehr als 3 mal, die Schnauzenlänge nahezu 4 mal in der Kopflänge enthalten.

Die Stirne ist querüber schwach gebogen, der vordere Schnauzenrand oval gerundet.

Der vordere Rand des Oberkiefers trägt nur im obersten, vordersten Theile einige kleine Zähnchen.

Die Dorsale beginnt ungefähr in der Mitte der Körperlänge, ziemlich weit (c. um eine Augenlänge) hinter der Basis der Ventralen in verticaler Richtung; sie ist nach oben zugespitzt und an Höhe der Kopflänge gleich.

Die Pectorale ist kaum um mehr als eine halbe Schnauzenlänge kürzer als der Kopf, nicht unbedeutend länger als die Ventrale und reicht mit ihrer Spitze über die Basis der letzteren hinaus. Die Spitze der Bauchflossen überragt ein wenig den Beginn der Ventralen.

Der vorderste Theil der Anale überragt lappenförmig den unteren Rand der folgenden Strahlen und der Beginn derselben fällt vertical unter den der Rückenflosse.

Die Basis der Anale erhebt sich schwächer zum Schwanzstiele als die gegenüberliegende hintere Längenhälfte der Rückenlinie.

Silbergraue Seitenbinde des Rumpfes nicht deutlich hervortretend und von sehr mässiger Höhe, am oberen Rande von einer bleigrauen, scharf ausgeprägten Linie begleitet. Humeralfleck rundlich, verschwommen. Caudalfleck, wenn vorhanden, von geringer Höhe und bis zum hinteren Rande der mittleren Caudalstrahlen in Form von dunkeln Punkten sich fortsetzend.

Am unteren Rande der Anale zeigt sich eine Andeutung eines dunkeln Saumes, indem daselbst dunkle Punkte dichter aneinander gehäuft sind als am ganzen übrigen Theile der Flosse.

D. 11. A. 43. L. lat. 37—38. L. tr. 6/1/4.

Drei Exemplare bis zu 47 Ctm. Länge von Tabatinga.

Tetragonopterus elegans n. sp.

Taf. VII, Fig. 4.

Seitenlinie unvollständig. Körperform mässig gestrekt. Ein milchweisser Streif längs dem Vorderrande der Anale, unmittelbar hinter diesem ein intensiv violetter Streif; unterer Rand der Anale und vorderer Rand der Dorsale dicht violett punktirt. Bauchlinie gleichförmig, mässig gebogen; Rückenlinie bis zur Dorsale bald etwas rascher, bald minder schwach sich erhebend, als der gegenüber liegende Theil der Bauchlinie sich senkt, doch stets schwächer gerundet als letztere. Obere Kopflinie sehr schwach gebogen.

Der Beginn der Dorsale fällt in die Mitte der Körperlänge und ein wenig hinter die Einlenkungsstelle der Ventralen in verticaler Richtung.

Die grösste Leibeshöhe ist $2^3/_5 - 2^4/_5$mal, die Kopflinie $3^1/_4 - 3^2/_5$mal in der Körperlänge, der Augendiameter 2mal, die Stirnbreite und Schnauzenlänge je 3mal in der Kopflänge enthalten.

Schnauze stark abgestumpft, Stirne querüber ein wenig convex.

Vordere Unterkieferzähne verhältnissmässig sehr gross, im Zwischenkiefer einige wenige Zähnchen am obersten Theil des Vorderrandes.

Die Höhe der Dorsale übertrifft ein wenig die Kopflänge, und die Länge der Pectorale ist unbedeutend geringer als letztere.

Die Spitze der zurückgelegten Pectorale überragt nicht unbedeutend die Basis der Ventralen; die Spitze der letztgenannten Flosse reicht genau bis zum Beginn der Anale.

Die Caudale ist mindestens zunächst ihrer Basis ganz überschuppt, leider aber bei keinem der mir zur Untersuchung vorliegenden Exemplare ganz erhalten.

Die Seitenlinie durchbohrt 7—8 Schuppen im vordere Theile des Rumpfes.

Die Grundfarbe des Körpers ist hell goldbraun, unter der Loupe zeigen sich zahllose violette Punkte am Rumpfe wie auf den Flossen. Der unter dem Auge gelegene Theil des Kopfes ist weisslichgelb oder silberweiss und metallisch glänzend.

Die silberfarbige Seitenbinde am Rumpfe ist sehr schwach entwickelt und von der Rumpfmitte an am oberen Rande von einer bleigrauen Linie abgegrenzt.

Ein Humeral- und Caudalfleck fehlt. Der vorderste Theil der Anale bildet einen nach unten spitz zulaufenden lappenförmigen Vorsprung und zeigt den bereits erwähnten intensiv milchweissen Streif, an dessen hinteren Rand sich ein violetter Streif unmittelbar anschliesst, der intensiver gefärbt ist als der gleichfalls violette gesäumte Vorderrand der Dorsale.

Länge der beschriebenen Exemplare: 28—31 Mm.

Fundort: Amazonenstrom bei Obidos.

D 11. A. 24. L. lat. 30—31. L. tr. 5—5$^1/_2$/1/4.

Tetragonopterus Schmardae n. sp.

Taf. VII, Fig. 6.

Seitenlinie unterbrochen, unvollständig, in der Regel nur 7—8, viel seltener 13—16 Schuppen durchbohrend. Caudalfleck intensiv schwarzbraun, gross, die ganze Höhe des Schwanzstieles ausfüllend. Caudale mindestens in der ganzen vorderen Hälfte mit leicht abfallenden Schuppen besetzt.

Körperform gestreckt oval. Bauchlinie gleichmässig, schwach bogenförmig gerundet. Nackenlinie schwächer gebogen, doch steiler ansteigend als der gegenüber liegende Theil der Bauchlinie sich senkt.

Grösste Rumpfhöhe c. 3mal, Kopflänge $3^1/_5$mal in der Körperlänge, Augendiameter 2mal, Stirnbreite c. 3mal, Schnauze $3^1/_3$mal in der Kopflänge enthalten.

Die Stirne ist querüber nahezu flach, der vordere Rand des Oberkiefers zahnlos.

Die Dorsale beginnt genau in oder ein wenig vor der Mitte der Körperlänge, die Ventrale ein wenig vor erstgenannter Flosse (in verticaler Richtung). Die Spitze der zurückgelegten Pectoralen erreicht nicht ganz die Insertionsstelle der Ventralen.

Seiten des Rumpfes goldbraun, heller gegen die Bauchfläche herab, dicht violett punktirt und mit lebhaftem Silberschimmer in der unteren Rumpfhälfte. Silbergraue Seitenbinde des Rumpfes undeutlich, schmal, am oberen Rande in geringer Entfernung von dem hintern Kopfende bis zur Caudale von einer scharf hervortretenden bleigrauen Linie begleitet. Humeralfleck, wenn vorhanden, schmal, einem Querstreifen ähnlich, vorn und hinten von einer hellen Zone umgeben.

D. 11. A. c. 20—23. V. 8. Sq. lat. 30—31 (bis zur Caud.). L. tr. 5/1/3 (bis zur Ventr.).

Zahlreiche Exemplare bis zu 34 Mm. Länge aus dem Amazonenstrome bei Tabatinga.

Chirodon eques n. sp.

Seitenlinie unvollständig, nur 5—8 Schuppen im vorderen Theile des Rumpfes durchbohrend. Ein querbindenähnlicher, intensiv bräunlichschwarzer Fleck in der Humeralgegend. Ein eben so gefärbter grosser Fleck fast über die ganze Dorsale sich ausbreitend. Anale am ganzen unteren Rande bräunlich punktirt, wie braun gesäumt. Caudalfleck fehlend.

Die Rückenlinie erhebt sich viel rascher zur Dorsale, als die Bauchlinie sich bis zur Ventrale senkt, und ist bei grösseren Exemplaren auch etwas stärker gebogen als die Bauchlinie. Hinter der Dorsale senkt sie sich minder rasch als die Bauchlinie längs der Analflossenbasis ansteigt.

Die Dorsale beginnt in der Mitte der Körperlänge, hinter der Einlenkungsstelle der Ventralen in verticaler Richtung.

Die grösste Rumpfhöhe ist $2^1/_4$mal, die Kopflänge 3mal in der Körperlänge, der Augendiameter $2^1/_4$mal, die Breite der querüber mässig gerundeten Stirne etwas mehr als 3mal in der Kopflänge enthalten und der Schnauzenlänge nachstehend.

Der obere Theil des vorderen Oberkieferrandes ist, unter der Loupe betrachtet, fein gezähnt. Zwischenkieferzähne einreihig.

Die Spitze der Ventralen reicht über den Beginn der Anale beträchtlich hinaus, und die der Pectoralen überragt gleichfalls ziemlich bedeutend die Insertionsstelle der Ventralen. Vom 4. oder 5. höchsten Strahle der Anale angefangen nehmen die folgenden Strahlen nur allmälig an Höhe ab, so dass diese Flosse im vorderen Theile nach unten keinen lappenförmigen Vorsprung zeigt.

Die Höhe der Dorsale gleicht der Kopflänge mit Ausschluss der Schnauze, die Länge der Ventrale steht der Höhe der Dorsale circa um eine halbe Augenlänge nach.

Rumpf goldgelb, mit zahllosen violetten Pünktchen übersäet, die jedoch erst unter der Loupe deutlich unterschieden werden können.

Der Humeralfleck ist schräg gestellt, nach unten und vorn geneigt, stets schmal, doch an Breite ein wenig variabel und zuweilen von einer hellen Zone nach vorn und hinten umgeben, scharf abgegrenzt und ausnahmslos tief schwarzbraun. Eine gleich intensive Färbung zeigt der grosse runde Fleck auf der Dorsale. Längs der mittleren horizontalen Schuppenreihe des Rumpfes liegen bis zum Beginn der Caudale 33 Schuppen.

D. 11. A. 30. L. lat. 33. L. tr. 6/1/3½.

Das grösste der von uns untersuchten Exemplare ist 30 Mm. lang (mit Einschluss der Caudale).

Fundort: Amazonenstrom bei Villa bella und Obidos.

Chirodon Agassizii n. sp.

Körperform sehr gestreckt. Seitenlinie unvollständig. Ein bräunlichvioletter Fleck am vorderen Theile der oberen Höhenhälfte der Dorsale, höher als lang.

Rücken- und Bauchlinie sehr schwach gebogen, erstere ein wenig rascher zur Dorsale ansteigend, als letztere bis zur Ventrale sich senkt. Dorsale in der Mitte der Körperlänge und nur wenig hinter der Basis der Ventralen in verticaler Richtung beginnend. Anale im vorderen Theile erhöht, lappenförmig über den Rest der Flosse vorragend. Humeralfleck sehr undeutlich; Caudalfleck fehlend, Kopflänge mehr als 3 ½ mal, grösste Rumpfhöhe 3mal in der Körperlänge.

Augendiameter etwas weniger als 3mal, Stirnbreite 3½ mal, Schnauzenlänge gleichfalls 3½ mal in der Kopflänge enthalten. Kieferzähne zahlreich, schlank, verhältnissmässig sehr klein, spitz, mit kurzen Nebenzacken, im Zwischenkiefer einreihig.

Oberer Theil des Oberkiefers am ganzen vorderen Rande deutlich gezähnt.

Obere Profillinie des Kopfes gerade, nur wenig nach hinten ansteigend.

Pectorale und Ventrale nach hinten zugespitzt; letztere überragt mit ihrer Spitze den Beginn der Anale bei einem Exemplare nicht unbedeutend, erstere erreicht nur die Basis der Ventralen.

Dorsale an Höhe einer Kopflänge gleich, Ventrale um die Länge der Schnauze kürzer als der Kopf. Die Seitenlinie durchbohrt 7—8 Schuppen am Rumpfe.

Der untere Rand der kurzen Analstrahlen ist dunkelviolett gesäumt, und diese Färbung setzt sich strichförmig horizontal nach vorn fort, so dass der vordere erhöhte Theil der Anale durch diesen violetten Streif der Höhe nach halbirt erscheint. Der vordere lange Randstrahl der Anale (der dritte der ganzen Flosse) zeigt eine milchweisse Färbung.

Rumpfseiten goldgelb, silbergraue Seitenbinde nicht scharf abgegrenzt.

D. 11. A. 27. P. 13 (14). V. 8. L. lat. 30 (bis zur Caud.). L. tr. 5/1/3.

Zwei Exemplare, jedes c. 40 Mm. lang, von Jatuarana und ein Geschenk des Herrn Prof. L. Agassiz, dessen Andenken ich diese interessante Art widme.

Chirodon pequira n. sp.

Seitenlinie vollständig. Körperform sehr gestreckt. Bauchlinie bis zur Ventrale bald mehr, bald minder bedeutend gebogen und in der Regel ein wenig schwächer zur Bauchflosse abfallend, als die nur sehr wenig gebogene Rückenlinie zur Dorsale ansteigt. Dorsale in der Mitte der Körperlänge, hinter der Basis der Ventralen (in verticaler Richtung) beginnend. Silberfarbige Seitenbinde unterhalb der Dorsale bis zur Caudale scharf ausgeprägt, weiter nach vorn an den Rändern verschwommen. Caudalfleck sehr klein, doch deutlich sichtbar. Humeralfleck in der Regel fehlend, oder nur äusserst schwach angedeutet. Eine durch starke Anhäufung dunkler Punkte gebildete schrftige Binde in der oberen Hälfte der Dorsale.

Stirn querüber gewölbt. Mundspalte sehr klein. Oberkiefer am ganzen vorderen Rande sehr fein gezähnt.

Leibeshöhe 3½ mal, Kopflänge 3¾ mal in der Körperlänge, Augendiameter 2½—2¾ mal, Stirnbreite nahezu 3mal, Schnauzenlänge fast 4mal in der Kopflänge enthalten.

Die Höhe der Dorsale erreicht eine Kopflänge; die stark zugespitzten Caudallappen sind merklich länger als der Kopf. Die Spitze der Ventrale reicht genau bis zum Beginn der Anale, die der Pectoralen nahezu bis zur Basis der Ventralen. Rumpf hell goldgelb, gegen die Bauchseite herab hellgelb.

D. 11. A. 22. L. lat. 35—36 (bis zur Basis d. Caud.). L. tr. 6/1/4.

Zahlreiche Exemplare bis zu 38 Mm. Länge, von J. Natterer im Jahre 1824 (Send. VIII, Nr. 59) im Cuyaba gesammelt, und *Salmo pequira* genannt.

Chirodon insignis Steind.

Diese von mir zuerst nach Exemplaren aus dem Cauca-Gebiete (Pfützen auf dem Wege von Caceres nach Medellin) beschriebene Art kommt auch in den Bächen des Isthmus von Panama und im Amazonenstrome bei Villa bella vor.

Bei mehreren Exemplaren letztgenannten Fundortes, wahrscheinlich Männchen, sind die unteren Stützstrahlen der Caudale stachelförmig, wie bei einigen Individuen von Caceres.

Chirodon (Odontostilbe) fugitiva Cope.

Von dieser nach Exemplaren von Pebas beschriebenen Art besitzt das Wiener Museum zahlreiche Individuen bis zu 48 Mm. Totallänge aus dem Amazonenstrom bei Villa bella und Santarem. Mundspalte sehr klein. Kopf kurz, vorne im Profile über der Schnauze gebogen. Stirn verhältnissmässig breit.

Die Kopflänge ist $3^3/_4$—4mal, die grösste Rumpfhöhe $3^1/_6$—$3^1/_2$mal in der Körperlänge, der Augendiameter 3—$2^1/_2$mal in der Kopflänge enthalten.

Zwei Zähnchen am oberen Ende des Vorderrandes des Oberkiefers.

Die Dorsale beginnt in verticaler Richtung unbedeutend vor der Insertionsstelle der Ventralen, in der Regel ein wenig näher zum vorderen Kopfende als zur Basis der mittleren Caudalstrahlen, seltener genau in der Mitte der Körperlänge und enthält stets 11 Strahlen; ihre Höhe gleicht der Länge des Kopfes.

Die Spitze der zurückgelegten Pectorale erreicht genau oder nahezu die Basis der Ventralen, und die grösste Länge derselben steht der Höhe der Dorsale merklich nach.

Die Anale enthält 25—26 Strahlen, bei dem von Cope untersuchten Exemplare nur 24.

Zwischen der Seitenlinie und dem Beginne der Dorsale liegen in der Regel 6, seltener 5, unterhalb der Seitenlinie bis zur Basis der Ventralen ausnahmslos 4, nach Cope 5 horizontale Schuppenreihen.

Die silberfarbige Seitenbinde des Rumpfes tritt in einiger Entfernung hinter dem Kopfe sehr scharf hervor; unmittelbar hinter dem grossen, schwarzbraunen Flecke am Ende des Schwanzstieles (und zugleich noch auf der Basis der Caudale selbst) liegt ein rundlicher heller Fleck am oberen wie am unteren Lappen der Schwanzflosse.

Chirodon pulcher n. sp.

Körperform sehr gestreckt, *Alburnus*-artig. Rücken- und Bauchlinie gleichförmig, äusserst schwach gebogen.

Seitenlinie unvollständig. Dorsale mit ihrem ersten Strahle eben so weit von der Caudale wie vom hinteren Augenrande entfernt, somit nicht unbeträchtlich weit hinter der Mitte der Körperlänge beginnend. Ventrale vor der Mitte der Körperlänge eingelenkt.

Grösste Körperhöhe c. $3^1/_2$—$3^2/_3$mal, Kopflänge c. $3^1/_2$—$3^1/_2$mal in der Körperlänge enthalten, und der Schnauzenlänge bis zur Kinnspitze gemessen wie der Stirnbreite gleich.

Kopf nach vorne zugespitzt. Mundspalte sehr schräge gestellt, Unterkiefer nach vorne vorspringend. Kieferzähne einreihig, sehr klein, schlank und zahlreich. Knochen des Augenringes die niedrige Wangengegend vollkommen deckend.

Dorsale nach oben zugespitzt, an Höhe etwas der Kopflänge nachstehend. Pectorale bis zur Basis der Ventralen zurückreichend, an Länge ein wenig geringer als die Höhe der Rückenflosse.

Ventrale mit ihrer Spitze den Beginn der Anale nahezu erreichend.

Anale in ihrem vorderen Theile mässig lappenförmig erhöht.

Schuppen klein, ziemlich festsitzend. Die Seitenlinie durchbohrt nur 4—6 Schuppen am Vorderrumpfe.

Rumpf goldgelb. Humeralfleck ausnahmslos fehlend. Ein intensiv schwarzvioletter, häufig rhombenförmiger Fleck an und vor der Basis der Caudale, nach hinten über die mittleren Caudalstrahlen bis zu deren hinterem Rande sich fortsetzend.

Ein hellgelber Fleck am oberen und unteren Caudallappen unmittelbar hinter dem Caudalfleck. Ein gleichfalls intensiv violetter Streif am Bauch ein wenig hinter der Insertionsstelle der Ventralen beginnend und sich längs der ganzen Basis der Anale hinziehend. Ein Nebenast dieses Streifens zieht, ein wenig an Breite zunehmend (daher bindenähnlich), von der Basis der 3—4 ersten Analstrahlen schräge nach hinten und unten zum unteren Rande des 6. und 7. Analstrahles und bildet hierauf einen schmalen Saum am freien Rande der folgenden Analstrahlen.

D. 9—10. A. 23. L. lat. c. 30. L. tr. 4/1/3.

Zahlreiche Exemplare, nur bis zu 25—26 Mm. in der Totallänge, von Villa bella (Amazonenstrom).

Stethaprion Copei n. sp.

Körperform erhöht, scheibenförmig, sehr stark comprimirt. Schuppen von mässiger Grösse, c. 32—33 längs der Seitenlinie.

Grösste Rumpfhöhe c. $1\frac{1}{2}$ mal in der Körperlänge oder nahezu 2mal in der Totallänge, Kopflänge etwas mehr als $3\frac{1}{2}$ mal in der Körperlänge, Augendiameter $2\frac{1}{3}$—$2\frac{1}{4}$ mal, Stirnbreite $2\frac{3}{4}$—$2\frac{1}{5}$ mal, Schnauzenlänge etwas weniger als 4mal in der Kopflänge enthalten.

Stirne querüber convex; die obere Kopflinie erhebt sich rasch hinter dem Auge und ist längs der Schnauze schwach convex, hinter der Stirnmitte stark concav.

Die Augenrandknochen decken die Wangengegend vollständig bis auf einen kleinen dreieckigen Einschnitt über der Articulationsstelle des Unterkiefers.

Die Bauchlinie senkt sich rasch unter starker Bogenkrümmung bis zum Beginn der Ventrale, nur sehr wenig zwischen letzterer und dem Beginn der Anale und erhebt sich zuletzt wieder sehr rasch unter schwächer Krümmung längs der ganzen Basis dieser Flosse nach oben und hinten. Die Nackenlinie steigt bis zum Beginn der Dorsale bedeutend, doch minder rasch an, als der gegenüber liegende Theil der Bauchlinie sich senkt.

Liegender Stachel vor der Dorsale sehr kurz, am oberen Rande nach vorne und hinten in eine Spitze auslaufend.

Der Beginn der Dorsale fällt in die Mitte der Körperlänge und ein wenig vor die Einlenkungsstelle der kurzen Ventralen. Pectorale zugespitzt, nahezu so lang wie der Kopf, und horizontal zurückgelegt, mit ihrer Spitze die Basis der Ventralen ein wenig überragend.

Ein fast dreieckiger, nach vorne und hinten (unten) in eine Spitze auslaufender comprimirter Stachel mit schneidigem unteren Vorderrande am Beginn der Anale und hinter demselben einen zweiten schlanken Stachel, auf welchen dann die übrigen gegliederten (zuerst einfachen und dann gespaltenen) Strahlen folgen.

Zwei grosse quergestellte länglichrunde, doch nur undeutlich ausgeprägte, graubraune Flecken am Vorderrumpfe in der Humeralgegend. Eine silbergraue Längsbinde über der Höhenmitte der Rumpfseiten.

D. 1/12. A. 2/35 (36). L. lat. c. 32—33. L. tr. 11/1/10—11.

Drei Exemplare, bis zu 58 Ctm. Länge, von Tabatinga (Coll. Salm.).

Stethaprion erythrops Cope.

In der Körperform, Zahl der Schuppen längs der Seitenlinie und Zahl der Analstrahlen stimmen die mir zur Untersuchung vorliegenden Exemplare mit *Stethaprion erythrops* Cope überein, nicht aber in der Zahl der horizontalen Schuppenreihen über und unter der Seitenlinie; über letzterer liegen nämlich stets 19, unter derselben 17 Schuppenreihen wie bei *St. chryseum* Cope. Ich vermuthe daher, dass die beiden genannten Arten specifisch kaum von einander getrennt werden dürften, da die Zahl der horizontalen Schuppenreihen sehr variabel zu sein scheint und den übrigen von Cope angeführten Unterschieden kein besonderes Gewicht beigelegt werden kann.

Bei den von mir untersuchten Exemplaren ist die grösste Rumpfhöhe zwischen Ventrale und Dorsale $1^3,{}_9 - 1^2/_3$ mal in der Körperlänge enthalten. Hinter der Basis der Ventrale senkt sich die Bauchlinie noch bald mehr bald minder bedeutend bis zum Beginn der Anale oder läuft bis zu letzterer nahezu horizontal hin.

Die Anale beginnt wie bei der früher beschriebenen neuen Art mit einem stark comprimirten, dreieckigen, messerrückenförmigen Stachel von geringer Höhe, auf welchen noch zwei schlanke Stacheln folgen, so dass also die Analflossenformel mit $^3/_3$; anzugeben ist, und erreicht am 3.—5. gegliederten Strahl die grösste Höhe.

Der ganze Vorderrand der Anale bis zum 3. oder 4. gegliederten Strahl ist braunviolett gefärbt. Der liegende Stachel der Dorsale gleicht an Länge dem Auge.

Humeralfleck ziemlich gross, rundlich, doch nicht scharf ausgeprägt.

A. 3, 37. L. lat. 61. L. tr. 19 1/17.

Rio Jutahy, R. Madeira, Amazonenstrom bei Santarem.

Piabucina unitaeniata Gthr.

Zwei kleine Exemplare, 35 und 50 Mm. lang, von Canelos, Ecuador.

Die Körperhöhe steht bei denselben der Körperlänge nach; erstere ist $4^1/_2$—4 mal, letztere $3^2/_5$—$3^1/_2$ mal in der Körperlänge enthalten.

Die schmale dunkle Seitenbinde endigt nach vorn wie nach hinten oder nur nach hinten in einen etwas intensiv gefärbten kleinen, runden Fleck.

Ein schwärzlich violetter Fleck an der unteren Höhenhälfte der Dorsale.

L. lat. 27. A. 12 (nach Gthr. 11).

Übersicht der als neu beschriebenen Arten.

Oxydoras Stübelii. — Rio Huallaga.
Loricaria Stübelii. — Rio Huallaga.
Bunocephalus bicolor. — Rio Huallaga.
    „   *Knerii.* — Canelos (Ecuador).
Curimatus Meyeri. — Rio Huallaga.
Brycon Stübelii. — Rio Amazonas (Iquitos).
Arges ·ongifilis. — Rio Huambo, Rio de Totora.
Trichomycterus Taczanowskii. — Rio Huambo, Rio de Totora.
Chaetostomus Taczanowskii. — Rio de Totora.
Tetragonopterus huambonicus n. sp.? — Rio Huambo, Callacate.
Acestra Knerii. — Canelos, Ecuador.
Stegophilus Reinhardtii. — Rio Iça, Montalegre, See Manacapuru.
    „   *macrops.* — See Manacapuru.

Trichomycterus amazonicus. — Teffé.

Centromochlus Perugiae. — Canelos (Ecuador).

Cetopsis plumbeus. — Canelos (Ecuador).

Tetragonopterus xinguensis. — Xingu.

      „   *ocellifer.* — Villa bella, Cudajas.

      „   *Collettii.* — Rio Hyavary, Obidos.

      „   *Bellottii.* — Tabatinga.

      „   *Copei.* — Santarem.

      „   *Bairdii.* — Tabatinga.

      „   *elegans.* — Obidos.

      „   *Schmardae.* — Tabatinga.

Chirodon eques. — Villa bella, Obidos.

    „   *Agassizii.* — Jatuarana.

    „   *pequira.* — Cuyaba.

    „   *pulcher.* — Villa bella.

Stethaprion Copei. — Tabatinga.

ERKLÄRUNG DER ABBILDUNGEN.

TAFEL I.

TAFEL II.

TAFEL III.

TAFEL IV.

TAFEL V.

TAFEL VI.

48 Franz Steindachner. Beiträge zur Kenntniss der Flussfische Südamerika's.

Fig. 3. *Cetopsis plumbeus* n. sp.
  „ 4. *Trichomycterus amazonicus* n. sp.
  „ 4 a.   „   „   „ , obere Ansicht des Kopfes.
              (Fig. 1—4 a in 2maliger Vorgrösserung.)
  „ 5. *Argya prenadilla* sp. Val.
  „ 5 a.   „   „   „   „ , obere Ansicht des Kopfes (nat. Grösse),
              (Originalzeichnungen nach einem der beiden typischen Exemplare des Pariser Museums.)
  „ 6. *Tetragonopterus Copei* n. sp.

TAFEL VII.

Fig. 1. *Acestra Knerii* n. sp.
  „ 1 a.   „   „   „ . Unterseite des Kopfes und des Vorderrumpfes (5/3 mal vergrössert).
  „ 2. *Centromochlus Perugiae* n. sp.
  „ 2 a.   „   „   „ , obere Ansicht des Kopfes.
  „ 3. *Tetragonopterus Collettii* n. sp.
  „ 4.   „   *elegans* n. sp.
  „ 5.   „   *ocellifer* n. sp.
  „ 6.   „   *Schnurlae* n. sp.
              (Fig. 2—6 in 2maliger Vorgrösserung.)

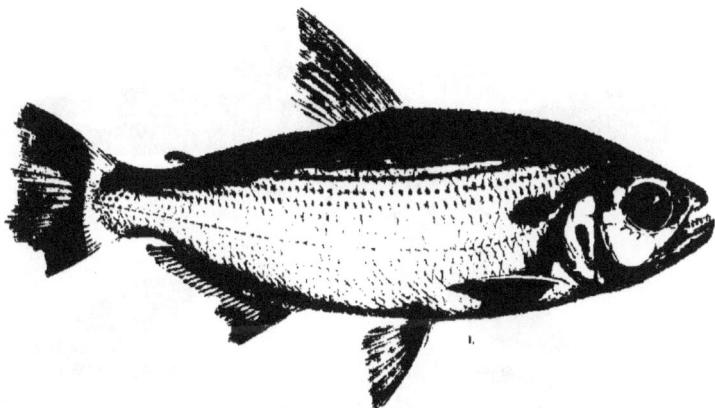

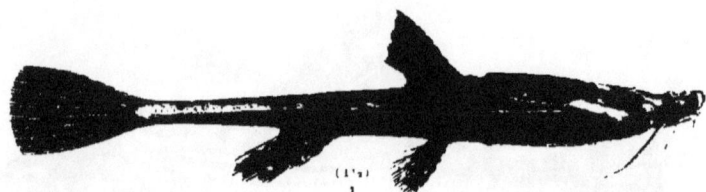

(1½.)
1

1 b

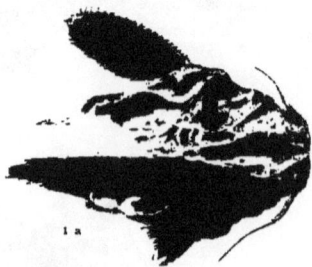

1 a

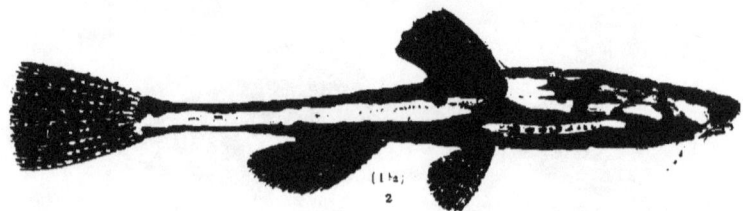

(1½)
2

2 b

2 a

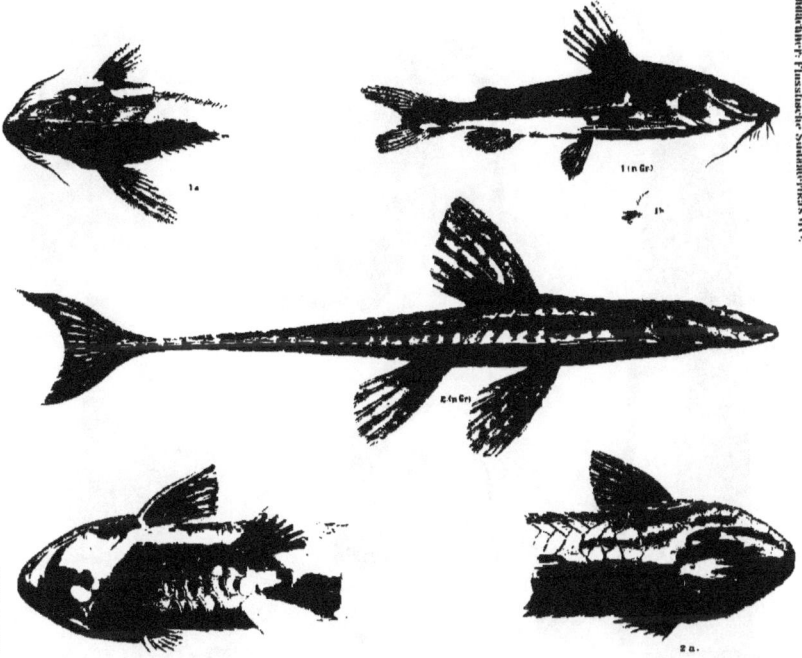

Steindachner: Flussfische Südamerika's (IV).

Denkschriften d.k.Akad.d.W.math naturw.Classe. XLVI.Bd.I.Abth.

Taf. III.

1 a.

1 b.

2. (n Gr.)

2 a.

Nd.Nat geru u lith. v.E.i.Konopicky K.k.Hof u Staats-druckerei.

Denkschriften d.k.Akad.d.W.math.naturw.Classe XLVI Bd.I.Abth.

1.(n.Gr.)

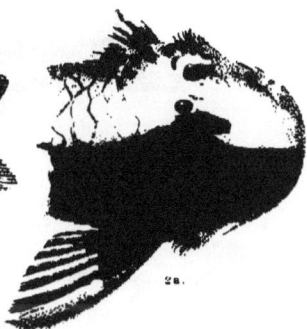

2a.

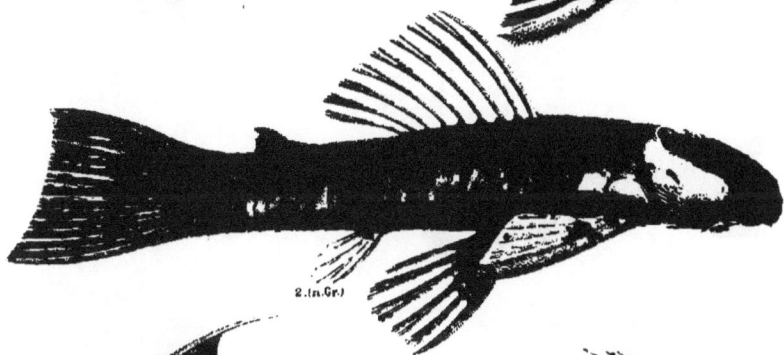

2.(n.Gr.)

3b.

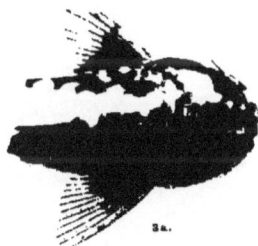

3a.

3 (n.Gr.)

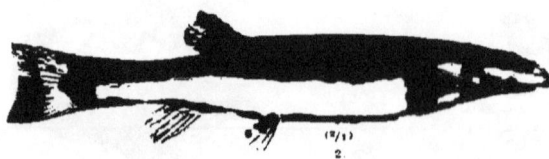

N.d.Nat.gez.u.lith.v.Ed.Konopicky　　　　　　　　　　　　　K.k.Hof-u Staatsdruckerei

Denkschriften d.k.Akad.d.W.math.naturw. Classe XLVI.Bd.I.Abth.

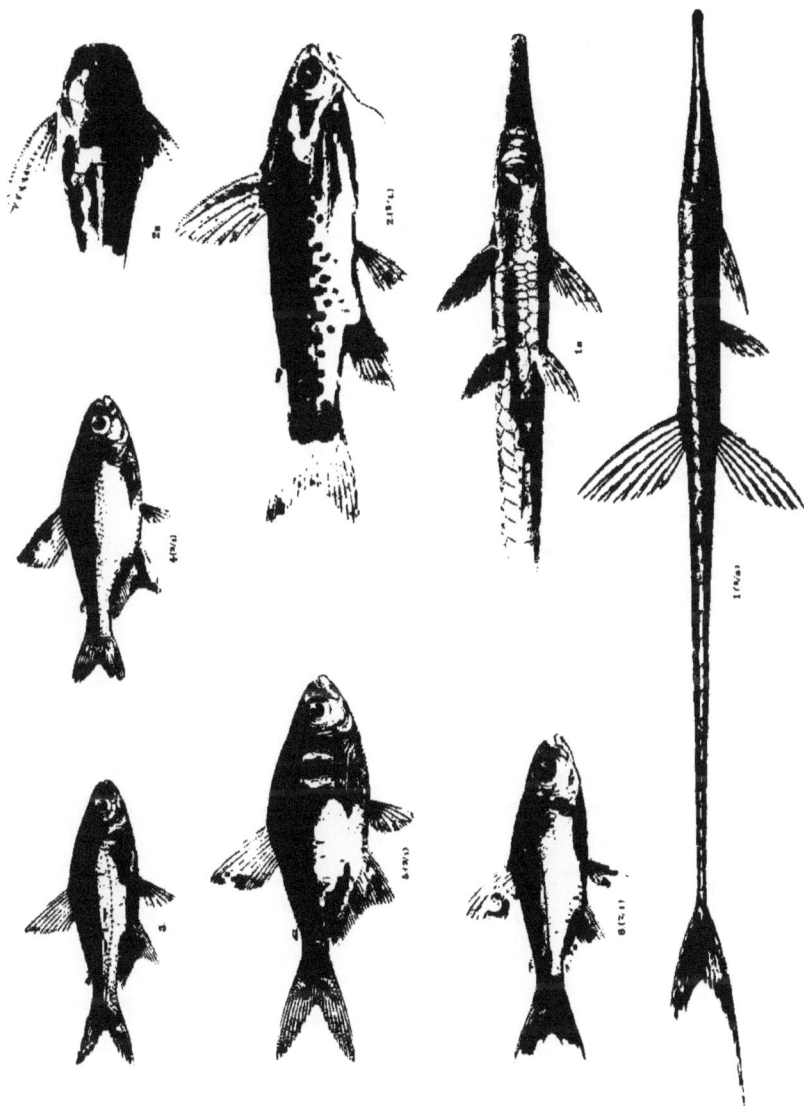